O Horror Econômico

Viviane Forrester

O Horror Econômico

Tradução
Álvaro Lorencini

Título original em francês: *L'horreur économique*

Praça da Sé, 108
01001-900 – São Paulo – SP
Tel.: (011) 3242-7171
Fax: (011) 3242-7172
www.editoraunesp.com.br
www.livrariaunesp.com.br
feu@editora.unesp.br

Dados Internacionais de Catalogação na Publicação (CIP)
(Câmara Brasileira do Livro, SP, Brasil)

Forrester, Viviane
O horror econômico / Viviane Forrester; tradução Álvaro Lorencini. – São Paulo: Editora da Universidade Estadual Paulista, 1997. – (Ariadne)

Título original: L'horreur économique
Bibliografia
ISBN 85-7139-147-5

1. Desemprego – França 2. Marginalidade social – França I. Título. II. Série

97-2145 CDD 330-944

Índice para catálogo sistemático

1. França: Condições econômicas 330.944

Editora afiliada:

Certa noite, por exemplo...
afastado de nossos horrores econômicos... ele estremece
à passagem das caças e das hordas...
(Arthur Rimbaud, *Iluminações*)

[O povo]não deve sentir a verdade
da usurpação: ela foi um dia introduzida sem razão e
tornou-se razoável; é preciso fazer que ela seja
vista como autêntica, eterna, e esconder o seu começo
se não quisermos que logo tenha fim.
(Pascal, *Pensamentos*)

Vivemos em meio a um engodo magistral, um mundo desaparecido que teimamos em não reconhecer como tal e que certas políticas artificiais pretendem perpetuar. Milhões de destinos são destruídos, aniquilados por esse anacronismo causado por estratagemas renitentes, destinados a apresentar como imperecível nosso mais sagrado tabu: o trabalho.

Com efeito, deformado sob a forma perversa de "emprego", o trabalho funda a civilização ocidental, que comanda todo o planeta. Confunde-se a tal ponto com ela que, ao mesmo tempo em que se volatiliza, seu enraizamento, sua evidência jamais são postos em causa, menos ainda sua necessidade. Não é ele que, em princípio, rege toda distribuição e, portanto, toda sobrevivência? Os emaranhados de intercâmbios que daí decorrem parecem-nos tão indiscutivelmente vitais quanto a circulação do sangue. Ora, esse trabalho, tido como nosso motor natural, como a regra do jogo que serve à nossa passagem para esses lugares estranhos, de onde cada um de nós tem vocação a desaparecer, não passa hoje de uma entidade desprovida de substância.

Nossos conceitos de trabalho e, por conseguinte, de desemprego, em torno dos quais a política atua (ou pretende atuar), tornaram-se ilusórios e nossas lutas em torno deles, tão alucinadas quanto as do Quixote contra os moinhos. Mas continuamos a fazer as mesmas perguntas fantasmas que, como se sabe, ninguém responderá, exceto o desastre das vidas que esse silêncio destrói, enquanto esquecemos que cada uma delas representa um destino. Inúteis, angustiantes, essas perguntas obsoletas nos evitam uma angústia pior: a do desaparecimento de um mundo em que elas ainda podiam ser feitas. Um mundo onde seus termos se fundamentavam numa realidade. Ou melhor: fundamentavam essa realidade. Um mundo cujo clima se mistura sempre às nossas respirações e ao qual pertencemos de maneira visceral, seja pelo prazer ou pelo sofrimento. Um mundo cujos vestígios nós trituramos, preocupados em tapar buracos, em remendar o vazio, em construir simulacros em torno de um sistema não só desmoronado, mas até mesmo desaparecido.

Em que sonho somos mantidos, entretidos com crises, ao fim das quais sairíamos do pesadelo? Quando tomaremos consciência de que não há crise, nem crises, mas mutação? Não mutação de uma sociedade, mas mutação brutal de uma civilização? Participamos de uma nova era, sem conseguir observá-la. Sem admitir e nem sequer perceber que a era anterior desapareceu. Portanto, não podendo enterrá-la, passamos os dias a mumificá-la, a considerá-la atual e em atividade, respeitando os rituais de uma dinâmica ausente. Por que essa projeção permanente de um mundo virtual, de uma sociedade sonâmbula devastada por problemas fictícios? – o único problema verdadeiro é que esses problemas não são mais problemas, mas, ao contrário, tornaram-se a norma dessa época ao mesmo tempo inaugural e crepuscular que não assumimos.

Não há dúvida de que mantemos assim aquilo que se tornou um mito, o mais respeitável que possa existir: o mito daquele trabalho ligado a todas as engrenagens íntimas ou públicas de nossas sociedades. Prolongamos desesperadamente intercâmbios que são cúmplices até na hostilidade, rotinas profundamente traçadas, uma ladainha há muito cantada em família – uma família dilacerada, mas desejosa de relembrar a vida juntos, preocupada com os traços de um denominador comum, uma espécie de comunidade, embora origem e lugar das piores discórdias, das piores infâmias.

Será que se poderia falar de uma espécie de pátria? De um vínculo orgânico tal, que nos faz preferir qualquer desastre à lucidez e à constatação da perda, qualquer risco à percepção e à consciência da extinção daquilo que foi nosso meio?

Venham a nós, então, os remédios suaves, as farmacopeias vetustas, as cirurgias cruéis, as transfusões de toda espécie (que beneficiam sobretudo os que gozam de boa saúde). Venham a nós os discursos ponti-lenificantes, o catálogo das redundâncias, o encanto reconfortante das ladainhas que cobrem o silêncio severo e intratável da incapacidade; nós os ouvimos extasiados, reconhecendo estar longe dos temores da vacuidade, tranquilizados pelo acalanto ao ritmo de cantilenas familiares.

Mas, por trás de toda essa mascarada, durante o transcurso desses subterfúgios oficializados, dessas pretensas "operações" cuja ineficácia se conhece de antemão, desse espetáculo preguiçosamente deglutido, pesa o sofrimento humano, um sofrimento real, gravado no tempo, naquilo que tece a verdadeira história sempre ocultada. Sofrimento irreversível das massas sacrificadas; quer dizer, de consciências torturadas e negadas uma por uma.

Quanto ao "desemprego", fala-se dele por toda parte, permanentemente. Hoje, entretanto, o termo acha-se privado de seu verdadeiro sentido, recobrindo um fenômeno diferente daquele outro, totalmente obsoleto, que pretende indicar. A respeito dele, contudo, são feitas laboriosas promessas, quase sempre falaciosas, que deixam entrever quantidades ínfimas de empregos acrobaticamente lançadas (como saldos) no mercado; porcentagens derrisórias em vista dos milhões de indivíduos excluídos do salariado e que, nesse ritmo, continuarão assim durante decênios. Em que estado, então, a sociedade, eles, o "mercado do emprego"?

É bem verdade que se pode contar com algumas ridículas imposturas, como aquela que suprimiu das estatísticas de 250 mil a 300 mil desempregados de um só golpe, um só..., riscando das listas os que completaram pelo menos 78 horas de trabalho no mês, ou seja, menos de duas semanas e sem garantias.[1] Era só pensar! Deve-se lembrar também como é pouco importante a sorte das almas e dos corpos camuflados nas estatísticas e usados apenas como um modo de calcular. São as cifras que contam, mesmo que não correspondam a nenhum número verdadeiro, a nada de orgânico, a nenhum resultado, mesmo que designem apenas a exibição de uma trucagem. Como aquela de um governo anterior, alguns meses atrás, cantando vitória, admirado, orgulhoso: então o desemprego havia diminuído? Claro que não. Ao contrário, tinha aumentado... menos rapidamente, entretanto, que no ano anterior!

Mas, enquanto alguém diverte assim a plateia, milhões de pessoas, digo bem *pessoas*, colocadas entre parênteses, por tempo indefinido, talvez sem outro limite a não ser a morte, têm direito apenas à miséria ou à sua ameaça mais ou menos próxima, à perda muitas vezes de um teto, à perda de toda consideração social e até mesmo de toda autoconsideração. Ao *drama* das identidades precárias ou anuladas. Ao mais vergonhoso dos sentimentos: a vergonha. Porque cada um então se crê (é encorajado a crer-se) dono falido de seu próprio destino, quando não passou de um número colocado pelo acaso numa estatística.

Multidões de seres lutando, sozinhos ou em família, para não deteriorar-se, nem demais nem muito depressa. Sem contar inúmeros outros na periferia, vivendo com o temor e o risco de cair nesse mesmo estado.

Não é o desemprego em si que é nefasto, mas o sofrimento que ele gera e que para muitos provém de sua inadequação àquilo que o define, àquilo que o termo "desemprego" projeta, apesar de fora de uso, mas ainda determinando seu estatuto. O fenômeno *atual* do desemprego já não é mais aquele designado por essa palavra, porém, em razão do reflexo de um passado destruído, não se leva isso em conta quando se pretende encontrar soluções e, sobretudo, julgar os desempregados. De fato, a forma contemporâ-

---

1 1º de agosto de 1995.

nea daquilo que ainda se chama desemprego jamais é circunscrita, jamais definida e, portanto, jamais levada em consideração. Na verdade, nunca se discute aquilo que se designa pelos termos "desemprego" e "desempregados"; mesmo quando esse problema parece ocupar o centro da preocupação geral, o fenômeno real é, ao contrário, ocultado.

Um desempregado, hoje, não é mais objeto de uma marginalização provisória, ocasional, que atinge apenas alguns setores; agora, ele está às voltas com uma implosão geral, com um fenômeno comparável a tempestades, ciclones e tornados, que não visam ninguém em particular, mas aos quais ninguém pode resistir. Ele é objeto de uma lógica planetária que supõe a supressão daquilo que se chama trabalho; vale dizer, empregos.

Mas – e esse desencontro tem efeitos cruéis – o social e o econômico pretendem ser sempre comandados pelos intercâmbios efetuados a partir do trabalho, ao passo que este último desapareceu. Os desempregados, vítimas desse desaparecimento, são tratados e julgados pelos mesmos critérios usados no tempo em que os empregos eram abundantes. Responsabilizados por estarem desprevenidos, eles são ludibriados, acalentados por promessas falaciosas anunciando o pronto restabelecimento daquela abundância e a pronta reparação das conjunturas prejudicadas por alguns contratempos.

Resulta daí a marginalização impiedosa e passiva do número imenso, e constantemente ampliado, de "solicitantes de emprego" que, ironia, pelo próprio fato de se terem tornado tais, atingiram uma norma contemporânea; norma que não é admitida como tal nem mesmo pelos excluídos do trabalho, a tal ponto que estes são os primeiros a se considerar incompatíveis com uma sociedade da qual eles são os produtos mais naturais. São levados a se considerar indignos dela, e sobretudo responsáveis pela sua própria situação, que julgam degradante (já que degradada) e até censurável. Eles se acusam daquilo de que são vítimas. Julgam-se com o olhar daqueles que os julgam, olhar esse que adotam, que os vê como culpados, e que os faz, em seguida, perguntar que incapacidade, que aptidão para o fracasso, que má vontade, que erros puderam levá-los a essa situação. A desaprovação geral os espreita, apesar do absurdo dessas acusações. Eles se criticam – como são criticados – por viver uma vida de miséria ou pela ameaça de que isso ocorra. Uma vida frequentemente "assistida" (abaixo, por sinal, de um limite tolerável).

Essas críticas que lhes são feitas e que eles próprios se fazem se baseiam em nossas percepções defasadas da conjuntura, em velhas opiniões outrora sem fundamento, hoje redundantes e ainda mais pesadas, mais absurdas, sem nenhuma ligação com o presente. Tudo isso – que não tem nada de inocente – os leva a essa vergonha, a esse sentimento de ser indigno, que conduz a todas as submissões. A abjeção desencoraja qualquer outra reação de sua parte que não seja uma resignação mortificada.

Pois não há nada que enfraqueça nem que paralise mais que a vergonha. Ela altera na raiz, deixa sem meios, permite toda espécie de influência, transforma em vítimas aqueles que a sofrem, daí o interesse do poder em recorrer a ela e a impô-la; ela permite fazer a lei sem encontrar oposição, e transgredi-la sem temor de qualquer protesto. É ela que cria o impasse, impede qualquer resistência, qualquer desmistificação, qualquer enfrentamento da situação. É ela que afasta a pessoa de tudo aquilo que permitiria recusar a desonra e exigir uma tomada de posição política do presente. É ela, ainda, que permite a exploração dessa resignação, além do pânico virulento que contribui para criar.

A vergonha deveria ter cotação na Bolsa: ela é um elemento importante do lucro.

A vergonha é um valor sólido, como o sofrimento que a provoca ou que ela suscita. Não é de espantar, portanto, o furor inconsciente, digamos instintivo, para reconstituir aquilo que está na sua origem: um sistema falido e extinto, mas cujo prolongamento artificial permite aplicar sub-repticiamente castigos e tiranias de alto quilate, protegendo a "coesão social".

Desse sistema emerge, entretanto, uma pergunta essencial, jamais formulada: "É preciso 'merecer' viver para ter esse direito?". Uma ínfima minoria, já excepcionalmente munida de poderes, de propriedades e de privilégios considerados implícitos, detém de ofício esse direito. Quanto ao resto da humanidade, para "merecer" viver, deve mostrar-se "útil" à sociedade, pelo menos àquela parte que a administra e a domina: a economia, mais do que nunca confundida com o comércio, ou seja, a economia de mercado. "Útil", aqui, significa quase sempre "rentável", isto é, lucrativo ao lucro. Numa palavra, "empregável" ("explorável" seria de mau gosto!).

Esse mérito – esse direito à vida, mais precisamente – passa, portanto, pelo dever de trabalhar, de ser empregado, que se torna então um direito imprescritível, sem o qual o sistema social nada mais seria do que um amplo caso de assassinato.

Mas o que ocorre com o direito de viver quando este não mais opera, quando é proibido cumprir esse dever que lhe dá acesso, *quando se torna impossível aquilo que é imposto*? Sabemos que hoje em dia estão permanentemente fechados esses acessos ao trabalho, aos empregos, eles próprios excluídos pela imperícia geral, pelo interesse de alguns ou pelo sentido da história – tudo isso impingido sob o signo da fatalidade. Será normal, então, ou mesmo lógico, impor justamente aquilo que está faltando? Será que é *legal* exigir o que não existe como condição necessária de sobrevivência?

Teima-se, entretanto, em perpetuar esse fiasco. Insiste-se em considerar norma um passado extinto, um modelo apodrecido; em dar sentido oficial às atividades econômicas, políticas e sociais, essa corrida aos espectros, essa invenção *ersatz*, essa distribuição prometida e sempre adiada daquilo que não existe mais; continua-se fingindo que não há impasse, que se trata apenas de atravessar algumas sequências desagradáveis e passageiras de descuidos reparáveis.

Que impostura! Tantos destinos massacrados com o único objetivo de construir a imagem de uma sociedade desaparecida, baseada no trabalho e não na sua ausência; tantas existências sacrificadas ao caráter fictício do adversário que se promete vencer, aos fenômenos quiméricos que se pretende reduzir e sufocar!

Por quanto tempo ainda vamos aceitar ser enganados e considerar únicos inimigos aqueles que nos são designados: adversários desaparecidos? Permaneceremos cegos ao perigo em curso, aos verdadeiros escolhos? O navio já naufragou, mas nós preferimos (encorajam-nos a isso) não admitir e continuar a bordo, afundar sob a proteção de um ambiente familiar, em vez de tentar, talvez em vão, algum meio de salvação.

Desse modo, continuamos com rotinas bem estranhas! Não se sabe se é cômico ou sinistro, por ocasião de uma perpétua, irremovível e crescente penúria de empregos, impor a cada um dos milhões de desempregados – e isso a cada dia útil de cada semana, de cada mês, de cada ano – a procura "efetiva e permanente" desse trabalho que não existe. Obrigá-lo a passar horas, durante dias, semanas, meses e, às vezes, anos *se* oferecendo todo dia, toda semana, todo mês, todo ano, em vão, barrado previamente pelas estatísticas. Pois, afinal, ser recusado cada dia útil de cada semana, de cada mês e, às vezes, de cada ano, será que isso constituiria um emprego, um ofício, uma profissão? Seria isso uma colocação, um *job*, ou mesmo uma aprendizagem? Seria um destino plausível? Uma ocupação razoável? Uma forma realmente recomendável de emprego do tempo?[2]

Essa parece mais uma demonstração com tendência a provar que os rituais do trabalho se perpetuam, que os interessados se interessam, levados por um otimismo reconfortante a colocar-se nas filas de espera que enfeitam os guichês da ANPE[3] (ou outros órgãos), por trás dos quais se acumulariam virtualidades de empregos estranha e provi-

2 Será que existe formação, projeto de futuro naqueles pequenos sainetes que pretendem mimar uma "participação no mundo do trabalho", uma aproximação da entrada das catedrais "empresas", e que obrigam geralmente a vagas tarefas mal remuneradas alguns detentores de Renda Mínima ou alguns jovens temporariamente afastados das estatísticas, pesadelo dos governos?

3 Para esta e demais siglas, ver Apêndice à página 153. (N. E.)

soriamente desviados por correntes adversas! Quando subsiste apenas a falta produzida pelo seu desaparecimento...

Todas essas recusas, essas rejeições em cadeia, não seria sobretudo uma encenação destinada a persuadir esses "solicitantes" de sua própria nulidade? Para inculcar no público a imagem de seu fracasso e propagar a ideia (falsa) da responsabilidade, culpada e castigada, daqueles que pagam pelo erro geral ou pela decisão de alguns, pela cegueira de todos, inclusive a deles? Para exibir o espetáculo de um *mea culpa* ao qual, aliás, eles aderem. Vencidos.

Tantas vidas encurraladas, manietadas, torturadas, que se desfazem, tangentes a uma sociedade que se retrai. Entre esses despossuídos e seus contemporâneos, ergue-se uma espécie de vidraça cada vez menos transparente. E com o são cada vez menos vistos, como alguns os querem ainda mais apagados, riscados, escamoteados dessa sociedade, eles são chamados de *excluídos*. Mas, ao contrário, eles estão lá, apertados, encarcerados, *incluídos* até a medula! Eles são absorvidos, devorados, relegados para sempre, deportados, repudiados, banidos, submissos e decaídos, mas tão incômodos: uns chatos! Jamais completamente, não, jamais suficientemente expulsos! Incluídos, demasiado incluídos, e em descrédito.

É dessa maneira que se prepara uma sociedade de escravos, aos quais só a escravidão conferiria um estatuto. Mas para que se entulhar de escravos, se o trabalho deles é supérfluo? Então, como um eco àquela pergunta que "emergia" mais acima, surge outra que se ouve com temor: será "útil" viver quando não se é lucrativo ao lucro?

Aqui desponta, talvez, a sombra, o prenúncio ou o vestígio de um crime. Não é pouca coisa que toda uma "população" (no sentido apreciado pelos sociólogos) seja mansamente conduzida por uma sociedade lúcida e sofisticada até os extremos da vertigem e da fragilidade: até as fronteiras da morte e, às vezes, mais além. Não é pouca coisa também que aquelas mesmas pessoas que o trabalho escravizaria sejam levadas a mendigar, a procurar por um trabalho, qualquer um, a qualquer preço (quer dizer, o menor).

E quando todos não se dedicam de corpo e alma a essa solicitação inútil, a opinião geral é que deveriam fazê-lo.

Não é pouca coisa ainda que aqueles que detêm o poder econômico, vale dizer, o poder, tenham a seus pés aqueles mesmos agitadores que ontem contestavam, reivindicavam, combatiam. Que delícia vê-los implorar para obter aquilo que vilipendiavam e que hoje consideram o Santo Graal. Mais uma vez, não é pouca coisa ter à sua mercê aqueles outros que, providos de salários, de empregos, não protestarão, com medo de perder conquistas tão raras, tão preciosas e precárias, e ter que se juntar ao bando poroso dos "miseráveis".

Ao ver como se pegam e se jogam homens e mulheres em virtude de um mercado de trabalho errático, cada vez mais imaginário, comparável àquela "pele de onagro" que se encolhe, um mercado do qual eles dependem, do qual suas vidas dependem, mas que não depende deles; ao ver como já não são contratados com tanta frequência, e como vegetam, em particular os jovens, numa vacuidade sem limites, considerada degradante, e como são detestados por isso; ao ver como, a partir daí, a vida os maltrata e como a ajudamos a maltratá-los; ao ver que, para além da exploração dos homens, havia algo ainda pior: a ausência de qualquer exploração – como deixar de dizer que, não sendo sequer exploráveis, nem sequer necessárias à exploração, ela própria inútil, as multidões podem tremer, e cada um dentro da multidão?

Então, como um eco àquela pergunta: "Será 'útil' viver quando não se é lucrativo ao lucro?", ela própria eco daquela outra: "É preciso 'merecer' viver para ter esse direito?", surge o temor insidioso, o medo difuso, mas justificado, de ver um grande número, de ver o maior número de seres humanos considerados supérfluos. Não subalternos nem reprovados: supérfluos. E por essa razão, nocivos. E por essa razão...

Esse veredito ainda não foi pronunciado, nem enunciado e, certamente, nem pensado de modo consciente. Vivemos numa democracia. Para o conjunto da população, esse mesmo *conjunto* ainda é objeto de um interesse real, ligado a suas culturas, a afetos profundos, adquiridos ou espontâneos, mesmo se uma indiferença crescente se instaura em relação aos viventes. Esse *conjunto* representa também, não nos esqueçamos, uma clientela eleitoral e consumidora que gera outro tipo de "interesse" e leva os políticos a mobilizar-se em torno dos problemas do "trabalho" e do "desemprego", agora questões de rotina, a oficializar esses falsos problemas, pelo menos os problemas mal colocados, a ocultar qualquer constatação e a fornecer a curto prazo sempre as mesmas respostas anêmicas a questões factícias. Não que se deva – nem de longe! – isentá-los de encontrar soluções mesmo parciais, mesmo precárias. Mas seus remendos têm como principal efeito manter sistemas que se esforçam em fazer de conta que funcionam, mesmo mal, e sobretudo permitir a recondução de jogos de poderes e hierarquias, eles próprios ultrapassados.

Nossa velha experiência dessas rotinas nos dá a ilusão de uma espécie de domínio sobre elas, conferindo-lhes assim um ar de inocência, deixando-as marcadas por um certo humanismo, cercando-as sobretudo de fronteiras legais como verdadeiras barreiras de defesa. Vivemos realmente numa democracia. Entretanto, aquilo que nos ameaça está a ponto de ser dito, e já é quase murmurado: "Supérfluos..." .

E se acontecesse de não estarmos mais numa democracia?

Esse "excesso" (que só está aumentando) não correria então o risco de ser formulado? "Pronunciado" e, portanto, consagrado? O que aconteceria se o "mérito", do qual dependeria mais do que nunca o direito de viver, e esse direito de viver, ele próprio, fossem arguidos e administrados por um regime autoritário?

Já não ignoramos, não podemos ignorar que ao horror nada é impossível, que não há limites para as decisões humanas. Da exploração à exclusão, da exclusão à eliminação, ou até mesmo a algumas inéditas explorações desastrosas, será que essa sequência é impensável? Sabemos, por experiência própria, que a barbárie, sempre latente, combina de maneira perfeita com a placidez daquelas maiorias que sabem tão bem amalgamar o pior com a monotonia ambiente.

Como se vê, ante certos perigos, virtuais ou não, ainda é o sistema baseado no trabalho (mesmo reduzido ao estado atual) que faz o papel de muralha, o que talvez justifica nosso apego regressivo a algumas de suas normas que não estão mais em vigor. Mas esse sistema não deixa de assentar-se sobre bases carcomidas, mais permeável do que nunca a todas as violências, todas as perversidades. Suas rotinas, aparentemente capazes de atenuar o pior e retardá-lo, giram no vazio e nos mantêm entorpecidos naquilo que em outro lugar eu chamei de "*violência da calma*"[4]. É a mais perigosa, a que permite que todas as outras se desencadeiem sem obstáculo; ela provém de um conjunto de opressões oriundas de uma longa, terrivelmente longa, tradição de leis clandestinas. "A calma dos indivíduos e das sociedades é obtida pelo exercício de forças coercitivas antigas, subjacentes, de uma violência e de uma eficácia tal que passa despercebida", e que, no limite, não é mais necessária, por estar inteiramente integrada; essas forças nos oprimem sem ter mais que se manifestar. Só aparece a calma a que fomos reduzidos antes mesmo de nascer. Essa violência, escondida na calma que ela própria instituiu, sobrevive e age, indetectável. Ela cuida, entre outras coisas, dos escândalos que ela própria dissimula, impondo-os mais facilmente e conseguindo suscitar uma tal resignação geral que já não se sabe mais ao que se está resignando: de tão bem que ela negociou seu esquecimento!

Não existe arma contra ela, a não ser a exatidão, a frieza da constatação. Mais espetacular, a crítica é menos radical, já que entra no jogo proposto e leva em conta suas regras que, desse modo, ela cauciona, nem que seja por oposição. Ora, ocorre que "desarmar" representa, pelo contrário, a palavra-chave. Desarmar a imensa e febricitante partida planetária cujos valores em jogo jamais se sabe muito bem quais são, nem que espetáculo nos é dado, por trás do qual se jogaria outro.

---

4 FORRESTER, 1980.

Para fins dessa constatação, nunca será demais pôr em dúvida até mesmo a existência dos problemas, nem pôr em causa seus termos ou pôr em questão as próprias questões. Em particular quando esses problemas implicam os conceitos de "trabalho" e de "desemprego", em torno dos quais se cantam as melopeias políticas de todas as tendências e se entoam as ladainhas de soluções fúteis, apressadas, repisadas, que sabemos que são ineficazes, que não atacam a desgraça acumulada, que nem sequer a visam.

Assim – e esse é o maior exemplo –, os textos, os discursos que analisam esses problemas, do trabalho e do desemprego, só tratam, na verdade, do lucro que é sua base, que é sua matriz, mas que jamais mencionam. Permanecendo nessas zonas calcinadas como o grande ordenador, o lucro, entretanto, é mantido em segredo. Ele continua pairando, como um pressuposto tão evidente que nem sequer é mencionado. Tudo é organizado, previsto, proibido e suscitado em razão dele, que dessa maneira parece inevitável, como que fundido à própria semente da vida, a ponto de não se distinguir dela. Ele opera à vista de todos, mas despercebido. Ativo, propaga-se por toda parte, mas jamais é citado, a não ser sob a forma daquelas pudicas "criações de riquezas" que pretendem beneficiar toda a espécie humana e ocultar tesouros de empregos.

Tocar nessas riquezas seria então criminoso. É preciso preservá-las a qualquer preço, não discuti-las, esquecer (ou fingir esquecer) que elas beneficiam sempre o mesmo pequeno número, cada vez mais poderoso, mais capaz de impor esse lucro (que lhe toca) como a única lógica, como a própria substância da existência, o pilar da civilização, a garantia de toda democracia, o móvel (fixo) de toda mobilidade, o centro nervoso de toda circulação, o motor invisível e inaudível, intocável, de nossas animações.

A prioridade vai então para o lucro, considerado original, uma espécie de *big-bang*. Só depois de garantida e deduzida a parte dos negócios – a da economia de mercado – é que são (cada vez menos) levados em conta os outros setores, entre os quais os da cidade. Em primeiro lugar, o lucro, em razão do qual tudo é instituído. Só depois é que as pessoas se arranjam com as migalhas dessas famosas "criações de riquezas", sem as quais, dizem, não haveria nada, nem mesmo essas migalhas, que por sinal estão diminuindo – nenhuma ou quase nenhuma outra reserva de trabalho, de recursos.

"Deus me livre de matar a galinha dos ovos de ouro!", dizia a velha ama falando da necessidade de existirem ricos e pobres: "Os ricos serão sempre necessários. Sem eles, pode me dizer como é que os pobres iam fazer?". Essa ama Beppa é uma verdadeira política, uma grande filósofa! Ela compreendeu tudo.

A prova: surdos às suas tramoias, ficamos aqui ainda ouvindo as gracinhas mentirosas desses poderes que a ama venerava. Poderes que, por sinal, gracejam e mentem cada vez menos, de tanto ter aplicado seus postulados e inculcado seu credo nas massas planetárias assim anestesiadas. Para que gastar energia para persuadir aqueles que uma longa propaganda, se ainda não convenceu, pelo menos desarmou?

Propaganda eficaz e que soube recuperar (o que não é desprezível) muitos termos positivos, sedutores, que ela judiciosamente monopolizou, desviou, dominou. Vejam esse mercado *livre* para produzir lucro; esses planos *sociais* encarregados, na verdade, de expulsar do trabalho, e com pouca despesa, homens e mulheres privados de meios de vida e, às vezes, de um teto; o Estado-*providência*, que dá a impressão de reparar timidamente injustiças flagrantes, frequentemente desumanas. E, entre tantas outras expressões, aqueles *assistidos* que devem se sentir humilhados de seu estado (e que se sentem), ao passo que um herdeiro, do berço até a sepultura, não será considerado "assistido".

Insignificante?

Já nem ouvimos mais o anúncio da morte de certos termos. Se "trabalho" e, por conseguinte, "desemprego" resistem, esvaziados do sentido que parecem veicular, é porque, pelo seu caráter sagrado, intimidante, eles servem para preservar um resto de organização certamente caduca, mas suscetível de salvaguardar, por algum tempo, a "coesão social", apesar da "fratura" do mesmo nome – vê-se que a língua, de qualquer modo, se enriquece! Quantos outros termos, em compensação, flutuam nos encantos do desuso: "lucro", certamente, mas também, por exemplo, "proletariado", "capitalismo", "exploração", ou ainda essas "classes" agora impermeáveis a qualquer "luta"! Empregar esses arcaismos seria dar provas de heroísmo. Quem aceitaria entrar resolutamente no papel do retrógrado iluminado, do ingênuo desinformado, do roceiro cujos dados remontam à caça ao bisão selvagem? Quem apreciaria ter direito não ao cenho franzido pelo furor, mas erguido por uma estupefação incrédula, mesclada de doce compaixão? "Mas você não quer dizer que... Você ainda não... O muro de Berlim caiu, sabia? Então a URSS, você realmente apreciou? Stalin? Mas a liberdade, o mercado livre... não?" E, diante desse retardado, *kitsch* a ponto de comover, um sorriso desarmado.

Entretanto, o seu conteúdo reclama essas palavras que foram postas no índex e sem as quais, não expresso, jamais contestado, aquilo que elas recobrem retorna sem cessar. Mutilada desses vocábulos, de que modo a linguagem pode dar conta da história que, por sua vez, está repleta deles e continua a carregá-los, mudos?

Só porque uma operação totalitária monstruosa fazia uso deles e até os promovia, eles nos são proibidos, perderam o sentido? Estamos tão influenciados a ponto de recusar de maneira autoritária, mecanicamente, o que outros absorviam de maneira autoritária, também mecanicamente? A autoridade, a mecânica, só elas então retornam? O stalinismo teria assim erradicado tudo, mesmo a partir de sua ausência, continuando pelo absurdo de autorizar apenas o silêncio dos intercessores, dos árbitros, dos intérpretes, mas também dos interlocutores esperados? Vamos deixá-lo determinar esses mutismos, essas ablações que, dentro da língua, mutilam o pensamento? É evidente que a autoridade do discurso lacunar, organizado em torno de suas lacunas, impede qualquer análise, qualquer reflexão séria – com maior razão ainda qualquer refutação daquilo que não é dito, mas que atua.

Se os vocábulos, instrumentos do pensamento capazes de exprimir o evento, são não só gravemente suspeitos, mas também decretados vazios de sentido, e se, contra eles, atua a mais eficaz das ameaças, a do ridículo, que armas e que aliados ainda restam para aqueles que só uma constatação muito estrita da situação salvaria, não tanto da miséria ou da vida ultrajada, mas da vergonha e do esquecimento em vida?

Como é que nós chegamos a essas amnésias, a essa memória lacônica, a esse esquecimento do presente? O que aconteceu para que hoje grassassem tanta impotência de uns, tanta dominação de outros? Tanta aquiescência de todos para uma como para a outra? Tanto hiato? Nenhuma luta, a não ser aquela que reivindica sempre mais espaço para uma economia de mercado, se não triunfante, pelo menos onipotente, que certamente tem sua lógica, mas à qual não se confronta nenhuma outra lógica. Todos parecem participar do mesmo campo, considerar o estado atual das coisas seu estado natural, como o ponto exato onde a história nos esperaria.

Nenhum apoio subsiste para aqueles que não têm nada, a não ser a perda. Só o outro discurso é que ensurdece. Paira no ar algo de totalitário, de terrificante. E os únicos comentários são os do Sr. Homais,[5] mais eterno, mais oficial, mais solene e mais plural do que nunca. Seus monólogos. O veneno que ele detém.

---

5 Personagem de *Madame Bovary*, de Gustave Flaubert. Farmacêutico, detentor do veneno que Emma Bovary usa para suicidar-se, Homais é igualmente detentor de um pretensioso discurso pseudocientífico. (N. T.)

Enquanto o Sr. Homais triunfa e monologa sem ninguém para contestá-lo ou mesmo responder-lhe, por falta de uma linguagem adequada, nem sequer percebemos que ficamos sozinhos a salmodiar em coro com ele, no meio dos figurantes. A maioria dos verdadeiros atores, os papéis principais, saiu sem ser vista, carregando consigo o roteiro. A propósito de trabalho e de ausência de trabalho, falamos deles como se ainda estivessem presentes e fossem nossos semelhantes, mesmo dentro de uma hierarquia onde eles ocupariam o ápice.

Não é assim. Nem jamais será.

À medida que o território do trabalho e, mais ainda, o da economia se afastavam e se distanciavam, eles os acompanharam e, com eles, como eles, foram se tornando pouco discerníveis, cada vez mais impalpáveis. Logo estarão – se já não estiverem – fora de alcance, fora de contato, perdidos de vista. Enquanto nós ainda continuamos repisando os mesmos cenários.

É que, a nosso ver, o trabalho ainda está ligado à idade industrial, ao capitalismo de ordem imobiliária. Àquele tempo em que o capital expunha garantias notórias: indústrias bem implantadas, lugares bem identificáveis: fábricas, minas, bancos, imóveis arraigados em nossas paisagens, inscritos em cadastros. Pensamos viver ainda na época em que se podia calcular sua superfície, julgar sua construção, avaliar seu custo. As fortunas encontravam-se fechadas em cofres. Os intercâmbios passavam por circuitos verificáveis. Patrões com estado civil bem definido; diretores, empregados, operários deslocando-se de um ponto a outro, cruzando-se sobre o mesmo solo. Sabia-se onde estavam e quem eram os dirigentes, quem desfrutava o lucro. Geralmente havia na chefia um único homem, mais ou menos poderoso, mais ou menos competente, mais ou menos tirânico, mais ou menos próspero, que possuía bens, manejava o dinheiro. Quanto à empresa, ele era o proprietário (com ou sem sócios igualmente identificáveis). Um indivíduo tangível, com um nome, de carne e osso, que tinha herdeiros e, quase sempre, também era um deles. Podia-se avaliar com um simples olhar a importância da empresa; sabia-se onde estava acontecendo o labor necessário, assim como se sabia onde eram produzidas (geralmente em condições escandalosas) a "condição operária" e as famosas "criações de riquezas", então chamadas "benefícios". Os produtos manufaturados (as mercadorias), a negociação, a circulação das matérias-primas tinham uma importância essencial, enquanto a empresa tinha uma razão social e uma função conhecidas. Diríamos certificadas? Era possível circunscrever suas configurações, até mesmo internacionais, e separar a parcela do comércio, da indústria e dos jogos financeiros. Sabia-se, eventualmente, quem e o que contestar, e situar assim os locais da contestação. Tudo ocorria entre nós, dentro da nossa geografia, em ritmos familiares, mesmo quando eram excessivos. E isso era anunciado em nossas línguas, em nossa linguagem. Vivíamos uma distribuição de papéis geralmente desastrosa, mas vivíamos todos dentro do mesmo romance.

Ora, esse mundo em que o local de trabalho e o local da economia se fundiam, em que o trabalho de numerosos executantes era indispensável para os que tomavam decisões parece que está escamoteado. Julgamos ainda percorrer, respirar, obedecer ou dominar um mundo que não opera mais, que é apenas "café com leite", como dizem as crianças, e que está sob o controle de forças que, discretamente, o regem e administram seu naufrágio.

E com ele são escamoteados os modelos intermediários que pouco a pouco o sucederam, fazendo a transição para o mundo atual, das multinacionais, das transnacionais, do liberalismo absoluto, da globalização, da mundialização, da desregulamentação, da virtualidade. Esses modelos, quando ainda são encontrados, aparecem como totalmente subalternos, em vias de desaparecimento e quase sempre sob a dominação de potências distantes e complicadas.

Quanto ao modelo inédito que se instala sob o signo da cibernética, da automação, das tecnologias revolucionárias, e que agora exerce o poder, este parece ter-se desviado, isolado em zonas estanques, quase esotéricas. Não está mais em sincronia conosco. E, bem entendido, sem vínculo verdadeiro com o "mundo do trabalho", que ele não usa mais e que considera, quando consegue entrevê-lo, um parasita irritante marcado pelas suas paixões, suas confusões, seus desastres incômodos, sua irracional obstinação em pretender existir. Sua pouca utilidade. Sua pouca resistência, seu caráter benigno. Suas renúncias e sua inocuidade, por estar preso nos vestígios de uma sociedade onde suas funções foram abolidas. Entre esses dois universos, nada mais que uma solução de continuidade. O antigo periclita e sofre longe do outro, que ele nem sequer imagina. O outro, reservado a uma casta, penetra numa ordem inédita de "realidade", ou, se preferirmos, de desrealidade, onde a horda dos "solicitantes de emprego" representa apenas uma pálida legião de fantasmas que não voltarão para assombrar ninguém.

Por que razão essa casta se preocuparia com multidões inconscientes que, como maníacas, insistem em ocupar perímetros concretos, estabelecidos, situados, onde possam bater pregos, apertar parafusos, carregar cacarecos, arrumar coisas, calcular troços, intrometer-se em tudo, verdadeiros desmancha-prazeres, com circuitos lentos como os movimentos do próprio corpo, esforços patentes, cronologias e ritmos já fora de moda, e, depois, suas vidas, seus filhos, sua saúde, sua moradia, sua comida, seu salário, o sexo, a doença, o lazer, os direitos?

Que ingênuos! Aqueles de quem esperam tudo, isto é, um emprego, já não são mais abordáveis. Eles, em outras esferas, dedicam-se a fazer nascer o virtual, a combinar, sob a forma de "produtos derivados", valores financeiros não mais sustentados por ativos reais e que, voláteis, inverificáveis, geralmente são negociados, sacados, convertidos antes mesmo de ter existido.

Os homens de decisão de nosso tempo tornaram-se aquilo que Robert Reich chama de "manipuladores de símbolos", ou, se preferirmos, "analistas de símbolos",[1] que não se comunicam, ou muito pouco, nem mesmo com o antigo mundo dos "patrões". O que é que eles iriam fazer com todos esses "empregados" tão dispendiosos, inscritos na Previdência Social, tão incertos e contrariantes em comparação com máquinas puras e duras, ignoradas de qualquer proteção social, manobráveis por essência, econômicas ainda por cima e desprovidas de emoções duvidosas, de queixas agressivas, de desejos perigosos? Máquinas que abrem para outra era, que talvez seja também a nossa, mas sem que tenhamos acesso a ela.

Trata-se de um mundo que, por causa da cibernética, das tecnologias de ponta, vive à velocidade do imediato; um mundo em que a velocidade se confunde com o imediato em espaços sem interstícios. A ubiquidade, a simultaneidade aí é lei. Os que lá se movem não partilham conosco nem esse espaço, nem a velocidade, nem o tempo. Nem os projetos, nem a língua, menos ainda o pensamento. Nem as cifras nem os números. Nem, sobretudo, a preocupação. Nem, por sinal, a moeda.

Eles não são ferozes, nem mesmo indiferentes. São inatingíveis e se lembram de nós vagamente como parentes pobres deixados lá no passado, no mundo pesado do trabalho, naquele mundo dos "empregos". Por acaso cruzamos com eles? Nada orgulhosos, eles nos acenam com sinais de seu mundo de sinais e voltam a jogar entre si aqueles jogos apaixonantes que condicionam este planeta, cuja existência fora de sua rede acabam ignorando. Eles governam a econo-

---

1 REICH, 1993.

mia mundializada por cima de todas as fronteiras e todos os governos. Os países, para eles, fazem o papel de municipalidades.

E nesse império – parece sonho! –, trabalhadores pobres coitados ainda imaginam poder encaixar seu "mercado do emprego"! É de chorar de rir. Antes, bastava-lhes manter-se em seu lugar. Eles precisam aprender a não ter nenhum: essa é a mensagem que, ainda discretamente, lhes é insinuada. Mensagem que não se quer, que não se ousa decifrar com medo de imaginar suas possíveis consequências.

A tendência, entretanto, é exatamente essa. Uma quantidade importante de seres humanos já não é mais necessária ao pequeno número que molda a economia e detém o poder. Segundo a lógica reinante, uma multidão de seres humanos encontra-se assim sem razão razoável para viver neste mundo, onde, entretanto, eles encontraram a vida.[2]

Para obter a faculdade de viver, para ter os meios para isso, eles precisariam responder às necessidades das redes que regem o planeta, as redes dos mercados. Ora, eles não respondem – ou antes, são os mercados que não respondem mais à sua presença e não precisam deles. Ou precisam muito pouco e cada vez menos. Sua vida, portanto, não é mais "legítima", mas tolerada. Importuno, o lugar deles neste mundo lhes é consentido por pura indulgência, por sentimentalismo, por reflexos antigos, por referência ao que por muito tempo foi considerado sagrado (teoricamente, pelo menos). Pelo medo do escândalo. Pelas vantagens que os mercados ainda podem tirar disso. Pelos jogos políticos, pelas jogadas eleitorais baseadas na impostura de ver em curso uma "crise" provisória que cada campo pretende ser capaz de estancar.

E depois, determinado bloqueio atávico das conscências impede de aceitar de imediato uma tal implosão. É

---

2 Em outros continentes, há multidões vivendo essa ausência de estatuto. O futuro delas parecia dever fazê-las aproximar-se das condições de vida ocidentais. Resta ver se, em todo o planeta, a maioria não irá alinhar-se por eles.

difícil admitir, impensável declarar que a presença de uma multidão de humanos se torna precária, não pelo fato inelutável da morte, mas pelo fato de que, enquanto vivos, sua presença não corresponde mais à lógica dominante, uma vez que já não dá lucro, mas, ao contrário, revela-se dispendiosa, demasiado dispendiosa. Ninguém ousará declarar, numa democracia, que a vida não é um direito, que uma multidão de vivos está em número excedente. Mas, num regime totalitário, será que não se ousaria? Já não se ousou? E, embora deplorando, será que já não admitimos o princípio, quando a uma distância igual àquela de nossos locais de férias a fome dizima populações?

As privações sofridas hoje por um número já considerável de indivíduos, e que vai aumentando, correm o risco de ser apenas preliminares a uma rejeição (que pode se tornar radical) daqueles que as suportam; elas não têm tendência a se enfraquecerem e a diminuírem, como pretendem, sem convicção, os discursos políticos dos que enunciam e não agem, mas sim a enfraquecer ainda mais, e no mínimo afastar, aqueles que são suas vítimas. O discurso econômico (dos que agem, mas não enunciam) vai nessa direção: as massas aqui são vagas abstrações e ninguém se preocupa com disparidades, a não ser para puxar para baixo as pequenas conquistas dos elementos mais frágeis, logo excluídos, ou incluídos muito antes na privação.

Se já não há muito lugar e se esse pouco se vai encolhendo pelo fato de o trabalho estar desaparecendo – trabalho sobre o qual a sociedade ainda se baseia e do qual ainda depende a sobrevivência dos viventes –, esse desaparecimento não incomoda em nada os verdadeiros poderes, os da economia de mercado. Mas a miséria causada por esse desaparecimento também não é seu objetivo. Eles a consideram, antes, um inconveniente colocado em seu caminho e do qual podem tirar partido – sabemos que a miséria beneficia geralmente o lucro. O que lhes importa e que deixa na sombra todos os outros fenômenos são as massas monetárias, os jogos financeiros – as especulações, as transações inéditas, os fluxos impalpáveis, aquela realidade virtual, hoje mais influente que qualquer outra.

Ora, é forçoso constatar que, da parte deles, só existe razão. Essa conjuntura e esses fenômenos correspondem totalmente à sua vocação, aos seus deveres profissionais e até ao seu sentido de ética. E depois, a paixão, tão embriagadora, por demais humana, do poder e do lucro encontra aqui ao mesmo tempo suas fontes e os territórios onde expandir-se, irresistível, devorante e devoradora. Os que participam dessa potência encontram nesse contexto suas funções naturais. O drama reside, sobretudo, no fato de que as outras funções jazem abandonadas.

Uma longa história, muito longa e muito paciente, subterrânea e secreta, desenvolvida na sombra, deve ter provocado o abandono dessas funções. Demissões que facilitaram a hegemonia de uma economia privada que se tornou anônima e que fusões maciças, em escala planetária, reagruparam em redes entrelaçadas, inextricáveis, mas tão móveis, de uma ubiquidade tal que não são mais identificáveis, escapando assim a tudo o que poderia pressioná-las, vigiá-las ou mesmo observá-las.

Será necessário um dia empreender o estudo desse fenômeno, estabelecer a história clandestina dessa evolução imperceptível, porém radical.

O que se pode medir hoje é a amplitude da progressão das potências privadas, devida em grande parte à das prodigiosas redes de comunicação, de intercâmbios instantâneos, aos fatores de ubiquidade que daí decorrem e dos quais elas foram as primeiras a dispor, as primeiras a explorar, abolindo assim as distâncias e o tempo – o que não é pouco! – em seu próprio proveito.

Multiplicação vertiginosa da quantidade de valores variados que elas podem abranger, dominar, combinar, duplicar sem se preocupar com leis e pressões que, num contexto assim mundializado, elas são capazes de contornar com facilidade.

Sem se preocupar muito com Estados, geralmente tão desprovidos em comparação a elas, entravados, controlados, contestados, colocados na berlinda, enquanto elas avançam, mais livres, mais motivadas, mais móveis, infinitamente mais influentes que estes, sem preocupações eleitorais, sem responsabilidades políticas, sem controles e, bem entendido, sem sentimentos ligados àqueles que elas esmagam, deixando a outros o cuidado de demonstrar que é para o bem deles – e para o de todos, já que o bem de todos, é claro, passa pelos seus próprios "bens".

Elas estão acima das instâncias políticas e não levam em conta nenhuma ética, nenhum sentimento. No limite, nas suas mais altas esferas, lá onde o jogo se torna imponderável, elas nem respondem mais por sucessos ou por fracassos, e não têm outros interesses a não ser elas próprias e aquelas transações, aquelas especulações repetidas sem fim, sem qualquer outro objetivo que seu próprio movimento. Não encontram outros obstáculos a não ser aqueles, ferozes, erguidos pelos seus pares. Mas estes últimos seguem o mesmo caminho que elas, rumo aos mesmos objetivos, e se alguns dentre eles tentam atingir alguns desses objetivos antes dos outros, ou em vez dos outros, isso não altera em nada o sistema geral. A concorrência desenfreada, dentro de redes tão complexas, na verdade as aproxima, aguçando sua energia centrada para os mesmos fins, dentro de uma ideologia comum, jamais formulada, jamais confessada: em ação.

Essas redes econômicas privadas, transnacionais, dominam então cada vez mais os poderes estatais; muito longe de ser controladas por eles, são elas que os controlam e formam, em suma, uma espécie de nação que, fora de qualquer território, de qualquer instituição governamental, comanda cada vez mais as instituições dos diversos países, suas políticas, geralmente por meio de organizações consideráveis, como o Banco Mundial, o FMI ou a OCDE.

Um exemplo: as potências econômicas privadas geralmente detêm o controle das dívidas de Estados que, por essa razão, dependem delas e elas os mantêm sob seu domínio. Esses Estados não hesitam em converter as dívidas de seus protetores em dívidas públicas, que tomam assim a seu cargo. Elas serão então honradas, sem compensação nenhuma, pelo conjunto dos cidadãos. Ironia: recicladas para o setor público, essas dívidas do setor privado aumentam muito a dívida que compete aos Estados, colocando estes últimos ainda mais sob a tutela da economia privada. Essa dívida, assumida aqui (como em geral) pelo Estado e, portanto, pela comunidade, nem por isso é tratada como... "assistida"!

Eis então a economia privada solta como nunca em plena liberdade – essa liberdade que ela tanto reivindicou e que se traduz por desregulamentações legalizadas, por anarquia oficial. Liberdade provida de todos os direitos, de todas as permissividades. Desenfreada, ela satura com suas lógicas uma civilização que está se acabando e cujo naufrágio ela ativa.

Naufrágio camuflado, posto na conta de "crises" temporárias a fim de que passe despercebida uma nova forma de civilização que já desponta, onde só uma pequena porcentagem da população terrestre encontrará funções. Ora, dessas funções dependem os modos de vida de cada um e, mais ainda, para cada um, a faculdade de viver. O prolongamento ou não de seu destino.

Segundo o costume secular, atua aqui um princípio fundamental: para um indivíduo sem função, não há lugar, não há mais acesso evidente à vida, pelo menos ao seu alcance. Ora, as funções hoje desaparecem irrevogavelmente, mas esse princípio perdura, mesmo que doravante ele não possa mais organizar as sociedades, mas apenas destruir o estatuto dos humanos, deteriorar vidas ou até mesmo dizimá-las.

Ninguém tem a coragem de admitir, nem de considerar, menos ainda de mencionar esse perigo. Omissão de suma gravidade, literalmente vital – ou mortal –, porque ninguém então enfrenta a ameaça oculta, ninguém se opõe a ela nem tenta inverter a corrente, menos ainda identificar e expor o credo que agencia essas sinistras virtualidades. Ninguém sugere tentar uma gestão lúcida que talvez oferecesse um lugar para cada um, mas num jogo reconhecidamente diferente. Em vez de enterrar vivos, com ele, aqueles que dependem de um sistema falecido. Drama e desastre que poderiam ser evitados, e talvez até sem prejuízo para os atores, para os beneficiários do credo!

Credo jamais enunciado, mas que seria impiedoso contestar. A dúvida está implicada na fé, mas proibida no *diktat* econômico. Será que alguém se arrisca a murmurar algumas tímidas reservas, a demonstrar certa vertigem em face da hegemonia de uma economia mundializada abstrata, desumana? Não demoraram muito para nos calar o bico com os dogmas dessa mesma hegemonia na qual, sejamos realistas, nos encontramos aprisionados. Não demoraram muito para nos opor as leis da concorrência, da competitividade, o ajustamento às regras econômicas internacionais – que são as da desregulamentação – e de nos entoar loas sobre a flexibilidade do trabalho. Cuidado então para não insinuar que, por essa razão, o trabalho se acha, mais do que nunca, submetido ao bel-prazer da especulação, às decisões de um mundo considerado rentável em *todos* os níveis, um mundo totalmente reduzido a ser apenas uma vasta empresa – aliás, não forçosamente administrada por responsáveis competentes. Alguns diriam: um vasto cassino. Não demorarão muito para nos opor e nos impor o respeito das leis misteriosas, mais ou menos clandestinas, da competitividade, e de coroar tudo isso com a chantagem do deslocamento de empresas e de investimentos, a transferência mais ou menos legal de capitais, acontecimentos que, de resto, ocorrem de qualquer maneira.

Chantagem, em suma, com meios cada vez mais opressivos.

Esses discursos, essas ameaças assestadas sobre grupos enfraquecidos, cujas capacidades críticas e cuja lucidez são reduzidas de maneira mais ou menos sub-reptícia, se não encontram o assentimento, encontram, pelo menos, em forma de mutismo, o consentimento dos corpos sociais tetanizados.

Mas somos surdos a esse silêncio, que se torna o melhor cúmplice da expansão dos negócios que satura o planeta em detrimento das vidas: a prioridade de seus balanços ocupa o lugar de lei universal, de dogma, de postulado sagrado, e é com a lógica dos justos, a impassível benevolência das boas almas e dos grandes virtuosos, a gravidade dos teóricos, que se provoca o desnudamento de um número sempre crescente de seres humanos e que se perpetra a subtração dos direitos, a espoliação das vidas, o massacre das saúdes, a exposição dos corpos ao frio, à fome, às horas vazias, à vida horrificada.

Nenhum ressentimento, nenhum desejo hostil os impuseram; nenhum sentimento, nenhum escrúpulo os preveniram, nem qualquer compaixão. Nenhuma indignação, nenhuma cólera os combateram. Eles parecem responder a um sentido da fatalidade reconhecido por todos; aquele mesmo que leva, de acordo com a mentalidade geral, a maltratar ainda mais os desfavorecidos, a puni-los com o desprezo que eles atraem, e sobretudo a esquecê-los. Ora, assim mesmo, eles incomodam. Que fazer com essas massas que já não reivindicam mais (ou então, contra o fato consumado), mas que permanecem lá, cansativas? Como se viveria melhor sem esses desmancha-prazeres, esses sanguessugas, esses aproveitadores, em suma, que se julgam indispensáveis e que pretendem existir de pleno direito! Irritante essa perda de finanças e de tempo a que eles ainda obrigam. Estaríamos tão bem só entre nós! Entretanto, estar "entre nós", para muitos (para a maioria?) pode certamente significar estar reunidos "entre nós", mas dentro de um grupo sacrificado ao qual será preciso juntar-se, tamanha é a velocidade com que ele aumenta.

Lá estão, portanto, aqueles "excluídos", implantados como ninguém. É preciso lidar com eles. Pronunciar e semear a todos os ventos aqueles votos piedosos, aqueles refrãos, *leitmotiv*, ladainhas que parecem tiques e que invocam o desemprego, "nossa preocupação maior", a volta do emprego, "nossa prioridade". Depois que isso foi dito, repetido, matraqueado, é permitido refletir, deliberar, legislar em razão apenas dos fluxos financeiros, sob o cajado de seus animadores e sem levar absolutamente em conta os outros contemporâneos – ou seja, a maioria das pessoas vivas –, a não ser como fatores por ora incontornáveis, como categorias crédulas a tratar o mais anemicamente possível, acentuando o perfil baixo dessas populações sobre as quais não se ousaria insinuar que não têm mais razão de ser e que representam apenas cargas que arrastam corpos importunos. Proliferação de parasitas que não têm outra referência a não ser a presença tradicional de multidões humanas sobre a crosta terrestre – tradição que se tende a julgar retrógrada.

Ainda não chegamos a esse ponto? Mas vejam, por exemplo, uma cidade de luxo, moderna, sofisticada, Paris, onde tantas pessoas, pobres antigos e pobres novos, dormem ao relento, almas e corpos arruinados pela falta de comida, de cuidados, de calor e também de presença, de respeito. Perguntem até que ponto a crueldade dessas vidas abrevia a sua duração,[3] e se são necessários muros e guaritas para encarcerar essas pessoas. Armas para atentar contra seus dias. Notem a ferocidade da indiferença circundante ou mesmo a reprovação dirigida contra eles. E esse é apenas um exemplo entre inúmeras aberrações bárbaras, geograficamente próximas, absolutamente vizinhas. Estabelecidas no próprio centro de nossas afetações. Isso se chama "fratura social". Não injustiça social, nem escândalo social. Não inferno social. Não. Fratura social, como os planos do mesmo nome.

3 O nível de mortalidade prematura (antes dos 65 anos) varia conforme as categorias sociais... e põe em evidência uma nítida hierarquia. A taxa de mortalidade prematura dos operários-empregados é 2,7 vezes mais elevada que a dos executivos superiores e profissionais liberais, e 1,8 vezes mais elevada que a dos executivos médios e comerciantes." Isso, em si, já constitui um escândalo. Mas será que se imagina a taxa de mortalidade prematura entre os sem-teto? (Fonte: Inserm, SC8, in: *INSEE Première*, fevereiro de 1996).

Paris? Mas vejam Paris, dirão alguns. Uma cidade entre outras. Os transeuntes passam, os carros circulam. Vejam as lojas, os teatros, os museus, os restaurantes, os escritórios e os ministérios. Tudo funciona. As férias, as eleições, os pequenos incidentes, os fins de semana, a imprensa, os bares. Porventura você ouve o mínimo gemido, a mínima imprecação? Porventura observa alguma lágrima, cruza com pessoas chorando na rua? Vê alguma ruína? Os produtos são comprados, os livros publicados, a alta costura desfila, as festas são festejadas, a justiça aplicada. Há teatro na Comédie Française e tênis em Roland Garros. Perambular ao longo dos mercados – não os financeiros e mundiais, mas os que oferecem flores, queijos, especiarias, carnes de caça – provoca sempre o mesmo encanto. Imperturbável, a civilização...

Claro, há os mendigos. Papelão de embalagens faz as vezes de habitação; paralelepípedos são camas. Essa miséria nas esquinas. Mas a vida corre, civil, amena, elegante, erótica também. As vitrines, os turistas, as roupas, algumas árvores, encontros marcados, tudo isso não acabou, não tende a ter fim.

Realmente? Claro, se aceitamos a existência e suas paisagens da maneira como se apresentam ou nos são apresentadas, se aderimos aos pontos de vista aconselhados, para não dizer autorizados, e às orientações encorajadas, se apreciamos que os favorecidos sejam cada vez mais favorecidos e os outros postos de lado, se deslizamos ao longo da via traçada segundo a ordem prevista, se chegamos até a aprovar algo que nos reprovam por permitir, então perceberemos apenas a harmonia assim organizada; estaremos acolhendo e tornando nossa a percepção de um mundo em concórdia com seus habitantes, pelo menos com um número cada vez mais reduzido deles (mas serão fornecidos meios para que ignoremos isso, para que esqueçamos nossa inquietação).

Estaremos então nos beneficiando de todos os subterfúgios usados para convencer-nos de que, quem quer que sejamos, não estamos nem nunca estaremos do lado do infortúnio absoluto. Estaremos evitando a mínima pergunta a propósito dos outros. Preferiremos ignorar que, se Paris, como todas as grandes cidades, oferece amostras de miséria, ela mantém sua massa afastada em guetos perdidos, em certos subúrbios, certas cidades adjacentes à capital, mas mais estrangeiras a ela que qualquer outra cidade estrangeira, mais afastada dela que outro continente. Estaremos obedecendo àquela interdição que nos afasta de desgraças estagnantes, simultâneas às nossas vidas. Estaremos esquecendo como é longo, lento e torturante o tempo que o infortúnio destila nas veias. Não detectaremos o sofrimento vergonhoso do sentir-se de mais, incômodo. O terror de ser inadequado. A obsessão e o peso da carência. A lassidão de ser considerado uma inutilidade, até por si mesmo.

Quando jovem, uma energia que é imediata e incessantemente desprezada, castrada; quando velho, uma fadiga que não encontra lugar de repouso, o mínimo bem-estar, nem a menor consideração. Abandono dos "excluídos" e dos que estão prestes a cair nesse estado, enquanto nos apressamos em esquecer que cada um deles está desesperadamente inscrito num nome, numa consciência, embora nem sempre num "domicílio fixo". Cada um é prisioneiro desse corpo a alimentar, abrigar, cuidar, fazer existir e que incomoda dolorosamente. Lá estão eles com sua idade, seus pulsos, seus cabelos, suas veias, a complicada delicadeza de seu sistema nervoso, seu sexo, seu estômago. Seu tempo deteriorado. Seu nascimento que foi para cada um o começo do mundo, a beirada da duração que os conduziu até aqui.

Este homem velho, por exemplo, consumido, vencido, maltratado, esgotado, há tanto tempo aterrorizado, há tanto tempo oprimido, que já nem mendiga mais. Esse olhar tão velho que a miséria incrusta até nos rostos jovens, até nos bebês. Rostos desses bebês em outros continentes, em tempos de fome, bebês com rostos de velhos, com rostos de Auschwitz, lançados na privação, no sofrimento, na agonia imediata, e que parecem saber e sempre terem sabido tudo de nossa história, mais sábios do que todos sobre a ciência dos séculos, como se já tivessem experimentado tudo, conhecido tudo desse mundo que os expulsa.

Olhares de adultos pobres e de velhos pobres – mas será que ainda podemos decidir suas idades? Olhares ainda mais insustentáveis quando, como acontece, neles ainda sobrevive alguma espera. Não há pior angústia que a esperança. Pior tremor. E não há pior horror que o fim de si próprio quando ocorre bem antes da morte e se deve arrastar enquanto vivo. Esses passos incertos. Essa ausência de percurso, mas que é preciso percorrer. Esses rostos, esses corpos de pessoas que não parecem mais pessoas, que já não se consideram como tais, ou que, ainda se considerando ou se lembrando da pessoa que foram, de que se encarregaram ou pensaram encarregar-se, têm consciência do que se tornaram. Será então que se lembram, que refazem os vestígios das estações em que tudo fugiu, tudo se petrificou na resignação? Há alguém que revisite esse tempo de uma lentidão insidiosa durante o qual se transformou num daqueles que, embora vistos, embora ouvidos, não são olhados, não são escutados, e que, aliás, se calam? Um daqueles que ninguém "considera" nem reconhece, a não ser como fantasmas folclóricos, que não têm direito à carne das palavras, mas a siglas, a espectros de palavras: SDF, RMistas, SMICards,[1] ou então... nada.

O perigo aumenta com o anonimato. Essas iniciais ratificam o lançamento na insignificância, duplicam a perda

1 Termos formados com base nas siglas RMI e SMIC, designando, respectivamente, pessoas que fazem jus a uma "renda mínima" e aquelas que recebem "salário mínimo". (N. T.)

do nome, a perda de uma intimidade reconhecida que funda o individual e, em consequência, a igualdade e a partilha do direito. Elas sancionam a amputação do passado, a escamoteação de toda biografia reduzida a algumas maiúsculas que não designam nenhuma qualidade, nem mesmo negativa, e podem comparar-se aos sinais que marcam o gado dos rebanhos. Sinais que tendem a banalizar o inadmissível, classificando-o em categorias previstas, sob letras mudas que ocultam o insustentável e livram do escândalo homologando-o.

A sigla, aqui, não indica a presença de uma pessoa nomeada, detentora de uma função, como, por exemplo, "PDG"! Pelo contrário, significa o desaparecimento de uma pessoa entre todos os excluídos, entre ausentes supostamente análogos, todos numa designação que não define. Nenhum detalhe possível, nenhum traço de um destino nem qualquer comentário. A normalização na anulação social ou, melhor (se é que se pode falar assim), na inscrição que anula. Não existe mais pessoa aqui. Então não acontece mais nada a ninguém. Restabelece-se a calma. Instaura-se o esquecimento, o de um presente consignado de antemão, já repertoriado. Impõe-se então ainda mais a distância aos outros, e sobretudo a dos outros, que escapam assim da angústia de talvez um dia ter que fazer parte daquele amontoado. Alguém se identifica com sombras que não têm mais identidade?

Essa agregação de anonimatos encontra-se multiplicada naquelas imensas multidões abandonadas em outros continentes, populações inteiras às vezes entregues à fome, às epidemias, a todas as formas de genocídios, e geralmente sob o domínio de tiranos consentidos e apoiados pelas grandes potências. Multidões da África, da América do Sul. Miséria do subcontinente indiano. Tantas outras. Escalas monstruosas, e a indiferença ocidental pela morte lenta ou pelas hecatombes que ocorrem a distâncias semelhantes às de banais roteiros turísticos.

Indiferença pela massa de viventes sacrificados; alguns minutos de emoção, porém, quando a televisão divulga duas ou três imagens desses abandonos, dessas torturas, e nós nos enlevamos discretamente pela nossa magnânima indignação, pela generosidade de nossas emoções, pelo nosso coração apertado e pela satisfação, mais discreta ainda, de ser apenas espectadores – mas dominantes.

Apenas espectadores? Sim. Mas se *somos* espectadores, *somos* também testemunhas; *somos* informados. Rostos e cenas, legiões de famintos, de deportados, de massacrados chegam até nossas poltronas, nossos canapés, às vezes em tempo real, por meio da tela, entre dois comerciais.

Nossa indiferença, nossa passividade em face desse horror distante, mas também em face do outro (menos frequente, mas não menos doloroso) que nos é contíguo, pressagiam o pior perigo. Elas parecem proteger-nos do infortúnio geral separando-nos dele, mas é exatamente isso que nos fragiliza, que nos põe em perigo. Porque estamos em perigo, no próprio centro do perigo. O desastre está preparado, totalmente específico. Sua arma principal: a rapidez de sua inserção, sua habilidade em não causar inquietação, em parecer natural e como se estivesse implícito. Em persuadir que não há alternativa para a sua implantação. Em só deixar-se perceber depois que se tornaram inativas e suspensas as lógicas que podiam ainda opor-se ao seu domínio e até mesmo denunciar suas próprias lógicas.

Nesse contexto, os SDFs, os "excluídos", toda a massa desigual desses "postos de lado", formam talvez o embrião das multidões que ameaçam constituir nossa sociedade futura se os esquemas atuais continuarem a se desenvolver. Multidões das quais todos nós, então, nos tornaremos as entidades, ou quase.

Ademais, é estranho considerar uma monstruosidade aquilo que, em nossas regiões de abundância, corresponderia à condição atual de populações inteiras em outros continentes subdesenvolvidos. Essa pobreza disseminada, tão integrada a certas paisagens, será que poderia invadir nossas regiões sofisticadas? Será que semelhante "inconveniência" pode se tornar possível numa sociedade muito pouco ingênua, bem informada, dotada de aparelhos críticos refinados, de ciências sociais aguçadas, de um gosto pronunciado pela análise de sua própria história? Mas, por isso mesmo, por saturação, cinismo, desilusão, às vezes por convicção, geralmente por negligência, ela também não se tornou muito pouco propensa aos olhares críticos, muito pouco lúcida quanto à urgência de se usar de lucidez?

Afinal, diriam alguns, nesse contexto de mundialização, de deslocamento, de desregulamentação, por que alguns países continuariam a ser privilegiados: a moda não é a "equidade"?

Sejamos sérios. O escândalo consiste em que, longe de ver as regiões sinistradas sair de seu desastre e alcançar as nações prósperas – como era possível crer, como se acreditava poder crer –, assiste-se à instauração desse mesmo desastre em sociedades até agora em expansão e sempre tão ricas quanto antes, mas onde os modos de aquisição do lucro se transformaram. Progrediram, dirão alguns. São modos que se afirmam no sentido de uma capacidade aumentada de apropriação numa única direção, concentrada sobre um número de beneficiários cada vez mais restrito, enquanto a presença ativa considerada necessária, e, por conseguinte, retribuída, dos outros atores também decresce.

Tanto isso é verdade que a riqueza de um país não o torna forçosamente um país próspero. Ela corresponde à riqueza de alguns cujas propriedades estão apenas aparentemente localizadas, inscritas num patrimônio, numa massa financeira nacional; na verdade, elas participam de outra organização, de uma ordem totalmente diferente: a dos *lobbies* da mundialização. É só sobre essa economia que essa riqueza desemboca, à distância de muitos anos-luz da política oficial de um país, assim como do bem-estar e até da sobrevivência de seus habitantes.

Sempre esse mesmo fenômeno do pequeno número de poderosos, que não precisam mais do labor dos outros, os quais podem ir se exibir em outro lugar, com seus estados d'alma e seus atestados de saúde. Infelizmente, esse outro lugar não existe. Nem mesmo para os crentes; não nesta vida. Não temos outra geografia de reserva nem outro solo, e, neste planeta, são sempre os mesmos territórios que vão desde os jardins até as sepulturas.

A indiferença é feroz. Ela constitui o partido mais ativo, e certamente o mais poderoso. Ela permite todas as exações, os desvios mais funestos, mais sórdidos. Este século é sua trágica testemunha.

Para um sistema, obter a indiferença geral representa uma vitória maior que qualquer adesão parcial, por mais considerável que seja. E, na verdade, é a indiferença que permite as adesões maciças a certos regimes; as consequências disso já são conhecidas.

A indiferença é quase sempre majoritária e sem freio. Ora, estes últimos anos foram, de certa maneira, campeões da inconsciência pacífica diante da instalação de um poder absoluto; campeões da história camuflada, dos avanços despercebidos, da desatenção geral. Desatenção tal que ela própria não é registrada. Desinteresse e falta de observação obtidos certamente por meio de estratégias silenciosas, obstinadas, que insinuaram lentamente seus cavalos de Troia e souberam basear-se tão bem naquilo que propagam – a falta de vigilância –, a ponto de elas próprias permanecerem despercebidas e, por isso mesmo, mais eficazes.

Tão eficazes que as paisagens políticas e econômicas puderam se metamorfosear à vista (mas não ao conhecimento) de todos sem despertar a atenção, e menos ainda a inquietação. Despercebido, o novo esquema planetário pôde invadir e dominar nossas vidas sem ser levado em conta, a não ser pelas potências econômicas que o estabeleceram. E eis-nos então num mundo novo, regido por essas potências segundo sistemas inéditos, mas dentro do qual, agindo e reagindo como se nada estivesse acontecendo, ainda sonhamos em razão de uma organização e de uma economia agora inoperantes.

O desligamento e a indolência dominaram durante tanto tempo que, se hoje propomos bloquear algum processo político ou social, alguma pirataria "politicamente correta", é para descobrir que, longa e minuciosamente elaborados enquanto cochilávamos, os projetos que queremos combater foram solidamente inscritos conforme os únicos princípios agora em circulação; portanto, eles parecem arraigados, inevitáveis e tranquilamente instalados nos fatos!

Tudo já estava instalado há muito tempo quando nós resolvemos intervir (ou julgamos intervir). Até já foi esvaziado de antemão o sentido de qualquer protesto. Não estamos sequer colocados diante do fato consumado: estamos trancados dentro dele.

Nossa passividade nos prende nas malhas de uma rede política que recobre toda a paisagem planetária. Não se coloca tanto a questão do valor positivo ou nefasto da política que presidiu a esse estado de coisas, mas sim o fato de que semelhante sistema tenha podido se impor como um dogma, sem provocar agitação nem suscitar comentários, a não ser raros e atrasados. Entretanto, ele invadiu tanto o espaço físico como o espaço virtual, instalou a preeminência absoluta dos mercados e de seus movimentos; soube confiscar as riquezas como jamais se fez antes, escamoteá-las, colocá-las fora do alcance ou mesmo invalidá-las sob a forma de símbolos, eles próprios núcleos de tráficos abstratos, subtraídos de todos os intercâmbios, a não ser os virtuais.

Entretanto, estamos ainda tentando consertar um sistema superado que não está mais em vigor, mas que julgamos responsável pelos estragos que, na verdade, são suscitados pela instauração desse sistema novo, onipresente e ignorado. O interesse que alguns encontram em ver nossa atenção assim desviada daquilo que se fomenta encoraja-os a favorecer e prolongar o engodo geral.

Não é tanto a situação – ela poderia ser modificada – que nos põe em perigo, mas são precisamente nossos consentimentos cegos, a resignação geral ante aquilo que é dado em bloco como algo inevitável. Não há dúvida, as consequências dessa gestão global começam a inquietar; todavia, trata-se ainda de um temor vago cuja origem é ignorada por aqueles que o sentem. Colocam-se em causa os efeitos secundários dessa globalidade (como o desemprego, por exemplo), mas sem remontar até ela, sem acusar sua dominação, considerada uma fatalidade. A história desta última parece provir da noite dos tempos, como um advento impossível de ser datado, como se ela devesse dominar tudo para sempre. Sua atualidade devorante é percebida como pertencente ao passado do verbo: como algo que acontece *porque* aconteceu! "Tudo oscila com o tempo", escreve Pascal, "o costume faz toda a equidade, pela única razão de que é recebido; esse é o fundamento místico de sua autoridade. Quem a reduzir ao seu princípio a destruirá".

Entretanto, tratou-se e ainda se trata de uma verdadeira revolução, que conseguiu implantar o sistema liberal, fazê-lo encarnar-se, ativar-se, tornando-o capaz de invalidar qualquer outra lógica que não a sua, a única agora operante.

Uma reviravolta nada espetacular, nem mesmo aparente, quando um regime novo tomou o poder, dominador, soberano, de uma autoridade absoluta, mas que ele não tem a mínima necessidade de exibir, já que ela circula nos fatos. Regime novo, mas regressivo: retorno às concepções de um século XIX de onde o fator "trabalho" teria desaparecido! Arrepios!

O sistema liberal atual é bastante flexível e transparente para adaptar-se às diversidades nacionais, mas bastante "mundializado" para confiná-las pouco a pouco no campo folclórico. Severo, tirânico, mas difuso, pouco identificável, disseminado por toda parte, esse regime que jamais foi proclamado detém todas as chaves da economia que ele reduz ao domínio dos negócios, os quais se apressam em absorver tudo o que ainda não pertencia à sua esfera.

Sem dúvida, a economia privada detinha as armas do poder bem antes dessas reviravoltas, mas sua potência atual deve-se à amplitude totalmente nova de sua autonomia. O grande número de trabalhadores, as populações que lhe eram indispensáveis até então e podiam fazer pressão sobre ela, aliando-se para tentar enfraquecê-la, combatê-la, lhe são cada vez mais inúteis e já não produzem qualquer efeito.

As armas do poder? A economia privada jamais as perdeu. Às vezes derrotada ou ameaçada de derrota, ela soube mesmo assim conservar seus instrumentos, em particular a riqueza, a propriedade. As finanças. Se, durante algum tempo, pressionada, ela teve que renunciar a certas vantagens, estas sempre foram muito inferiores àquelas que mantinha.

Mesmo por ocasião de suas derrotas mais ou menos passageiras, ela jamais cessou de minar as posições do adversário com uma tenacidade sem par e, aliás, muito corajosa. Foi então, talvez, que ela mais se fortaleceu. Nutriu-se de seus próprios reveses, soube fazer-se esquecer, camuflou-se polindo, como nunca, as armas que conservou, afinando suas pedagogias, consolidando suas redes. Sua ordem sempre permaneceu. O modelo que ela representa pode ter sido negado, pisoteado, atirado às gemônias, parecendo até desmoronar-se – ele sempre esteve apenas suspenso. A predominância das esferas privadas, de suas classes dominantes, foi sempre restabelecida.

É que o poder não é a potência. Ora, a potência (que zomba dos poderes que muitas vezes ela própria outorgou e delegou a fim de melhor administrá-los) jamais mudou de campo. As classes dirigentes da economia privada às vezes perderam o poder, mas em nenhum caso a potência. Aquela potência que Pascal designa pelo termo força: "O império baseado na opinião e na imaginação reina durante algum tempo, e esse império é suave e voluntário; o da força reina sempre. Assim, a opinião é como a rainha do mundo, mas a força é o seu tirano".

Essas classes (ou essas castas) jamais cessaram de agir, de suplantar, de espreitar, nem de ser solicitadas, como tentadoras, detentoras de seduções. Seus privilégios se tornaram objeto das fantasias, dos desejos da maioria, até mesmo de muitos daqueles que, sinceros, diziam combatê-los. O dinheiro, a ocupação de pontos estratégicos, os postos a distribuir, os vínculos com outros poderosos, o domínio dos intercâmbios, o prestígio, uma certa sabedoria, um saber certo, a comodidade, o luxo são alguns exemplos dos "meios" dos quais nada pode separá-las. Aquela autoridade que o poder nem sempre confere, mas que é inerente à potência, elas conservaram permanentemente.

Autoridade que não tem mais limites hoje em dia, que invadiu tudo, em particular as maneiras de pensar, que se chocam de todos os lados contra as lógicas de uma organização muito bem instalada por uma potência cuja marca está em toda parte, pronta a apossar-se de tudo. Mas, na realidade, tudo já não lhe pertence? Ela já não se apropria dos lugares dos quais possuía as chaves? E essas chaves não lhe servem agora para manter o resto da população, que ela não emprega mais, longe dos espaços sem limite que considera seus?

A potência exercida é tanta, seu domínio é tão arraigado, sua força de saturação é tão eficaz que nada é viável nem funciona fora de suas lógicas. Fora do clube liberal, não há salvação. Os governos sabem disso, já que se submetem àquilo que representa, sem dúvida, uma ideologia, mas que a nega tanto mais quanto a característica dessa ideologia resulta na recusa, na reprovação do próprio princípio de ideologia!

Está instalada, entretanto, a era do liberalismo, que soube impor sua filosofia sem ter realmente que formulá-la e nem mesmo elaborar qualquer doutrina, de tal modo estava ela encarnada e ativa antes mesmo de ser notada. Seu domínio anima um sistema imperioso, totalitário em suma, mas, por enquanto, em torno da democracia e, portanto, temperado, limitado, sussurrado, calafetado, sem nada de ostentatório, de proclamado. Estamos realmente na violência da calma.

Calma e violência no interior de lógicas que desembocam em postulados estabelecidos sobre o princípio da omissão – a omissão da miséria e a dos miseráveis, criadas e sacrificadas por elas com uma desenvoltura pontificante.

Os efeitos desse sistema excludente, que adota procedimentos taciturnos, revelam-se muitas vezes criminosos, outras vezes assassinos. Mas, em nossas regiões, a agressividade dessa violência tão calma resume-se a fatores de abandono. Deixa-se enfraquecer e perecer – cabendo a responsabilidade dessa derrota àqueles que faltam com seu dever, aquelas legiões discretas de pessoas sem trabalho, mas que supostamente o têm, que são obrigados a procurar e a conseguir, quando é público e notório que a fonte secou.

Cantilena!

Listas de azarados que rapidamente se tornam listas de reprovados. O fardo que carregam transforma-os também em fardos, reduzindo-os ao papel daquele "outro" sempre maltratado ao menor custo possível, mas que se surpreende se ele reclama ou se debate, se recusa ou milita. Como pode ele carecer de senso estético a ponto de romper a harmonia ambiente? De senso moral, a ponto de perturbar as volúpias da indolência? De senso cívico, a ponto de não compreender o interesse daqueles que o oprimem com tão boa consciência? De modéstia, a ponto de colocar-se na frente? Não estará ele fazendo mal a si próprio, uma vez que "nós" queremos o seu bem (esse "nós" está forte e sinceramente persuadido de que seu próprio bem vale pelo bem geral)?

É bem verdade que o "outro" em questão sempre foi considerado suspeito. Por ser inferior, é claro – esse é o núcleo e a polpa do credo. Por ser ameaçador também, e sem outro valor a não ser os serviços que prestava, que quase não presta mais e cada vez menos, já que quase não há mais e cada vez haverá me nos serviços que ele possa prestar. Se o seu valor tende então a zero, quem ficará admirado?

Descobrimos aqui os sentimentos reais experimentados a respeito dos outros por parte daqueles que dominam, não importa sob que regime – e em que base sejam calculados. Descobre-se logo e, com o tempo, infelizmente, cada vez mais, como, segundo esses cálculos, uma vez reduzido a zero, o excluído se torna expulso.

A descida é vertiginosa. Os tormentos do trabalho perdido são vividos em todos os níveis da escala social. Em cada nível, eles são sentidos como uma prova opressiva que parece profanar a identidade de quem a sofre. Imediatamente vem o desequilíbrio e – injustamente – a humilhação; logo depois, o perigo. Os executivos podem sofrer tanto quanto os trabalhadores menos qualificados. É surpreendente descobrir a que ponto se pode perder rapidamente o pé e como a sociedade se torna severa, como não existe ou quase não existe mais recurso quando alguém fica desarmado! Tudo vacila, aprisiona e se afasta ao mesmo tempo. Tudo se fragiliza, até mesmo a moradia. A rua se torna próxima. Poucas são as coisas que não têm o direito de se exercer contra quem não tem mais "meios". Sobretudo meios de ser poupado e em qualquer domínio.

Instalam-se então as grades e a exclusão social. E acentua-se a ausência geral e flagrante de racionalidade. Que correlação razoável pode haver, por exemplo, entre perder um trabalho e ser despejado, encontrar-se na rua? A punição nada tem em comum com o motivo alegado, dado como evidente. Que seja tratado como um crime o fato de não poder pagar, de não poder mais pagar, de não conseguir pagar, já é em si surpreendente, se pensarmos bem. Mas ser castigado assim, jogado na rua, por não estar mais em condições de quitar um aluguel porque não se tem mais trabalho, enquanto o trabalho está oficialmente faltando por toda parte, ou porque o emprego atribuído é taxado a um preço demasiado baixo em relação ao preço aberrante de residências demasiado raras, tudo isso dá mostras de insanidade ou de uma perversidade deliberada. Tanto mais que será exigida uma residência para conservar ou para encontrar esse trabalho, que permitiria encontrar uma residência.

Para o olho da rua, então. O olho da rua com seus paralelepípedos, menos duros, menos insensíveis do que nossos sistemas!

Isso não é apenas injusto: é de um absurdo atroz, de uma burrice consternante, que torna cômicas as atitudes autossuficientes de nossas sociedades ditas civilizadas. A menos que isso não denuncie também interesses muito bem administrados. De qualquer maneira, é de morrer de vergonha. Mas quem, afinal, suporta a vergonha, às vezes a morte, e cada vez mais uma vida deteriorada?

Ausência de racionalidade? Alguns exemplos.

Isentar de críticas as castas abastadas, dirigentes, para sempre esquecidas, mas acusar certos grupos desfavorecidos de ser menos desfavorecidos que outros. Em suma, de ser um pouco menos humilhado. Considerar as humilhações o modelo sobre o qual alinhar-se – em suma, considerar norma o fato de ser humilhado.

Considerar também privilegiados, uma espécie de aproveitadores, aqueles que ainda têm um trabalho, mesmo sub-remunerado; considerar norma, portanto, o fato de não ter trabalho. Indignar-se pelo "egoísmo" dos trabalhadores, esses sátrapas que se recusam a dividir seu trabalho, mesmo sub-remunerados, com aqueles que não o têm, mas não estender essa exigência de solidariedade à distribuição das fortunas ou dos lucros – o que hoje seria considerado insano, obsoleto e, ainda por cima, mal-educado!

Em compensação, é conveniente e até recomendado vituperar os "privilégios" desses frequentadores de palácios, por exemplo os ferroviários, aquinhoados com uma aposentadoria mais aceitável que outras, vantagem tão derrisória em face dos favores sem limites, jamais questionados, que os verdadeiros privilegiados se atribuem como se fossem implícitos! Muito em voga também a infâmia lançada sobre esses perigosos predadores, esses plutocratas célebres, operários ou funcionários públicos que ousam pedir aumento de salários, que são sinais já suspeitos de luxo descarado. Um exercício esclarecedor consiste em comparar no mesmo jornal o montante do aumento reclamado – que será ferozmente discutido, revisto para baixo, às vezes recusado – com, na seção de gastronomia, o preço considerado razoável de uma única refeição num restaurante, que nunca deixará de representar três ou quatro vezes o aumento mensal desejado!

Mais um exemplo: os esforços há muito dispendidos a fim de levantar uma parte do país contra a outra, declarada vergonhosamente favorecida (agentes do serviço público, funcionários de base), sem levar em conta os que o são realmente, a não ser para designá-los como "forças vivas da nação". E apresentar essas "forças vivas", esses dirigentes de multinacionais (amalgamados aos das PMEs) como os únicos que ousam correr riscos, como aventureiros impacientes de colocar-se sempre em perigo, permanentemente preocupados em pôr em jogo... não se sabe bem o quê, enquanto os nababos condutores de metrô, os oportunistas diplomados, como os agentes dos Correios, prosperam escandalosamente com toda a segurança! "Forças vivas", assim denominadas por serem supostamente detentoras e produtoras de empregos, mas que, mesmo subvencionadas, isentas de impostos, mimadas por essa razão, não apenas não criam quase nenhum (o desemprego não cessa de aumentar), mas, mesmo quando lucrativas (em parte graças às vantagens mencionadas), não deixam de demitir em massa.

"Forças vivas", portanto, antigamente chamadas simplesmente de "os patrões", mas que, subitamente, relegam os músicos, os pintores, os escritores, os pesquisadores científicos e outros saltimbancos ao papel de pesos mortos, sem contar o resto dos humanos, todos convidados a elevar, para a vivacidade dessas forças, olhares humildes de vermes terrestres fascinados por tais constelações.

Quanto aos usurpadores que se acomodam sem vergonha na garantia do emprego, sua imunidade ao pânico provocado pela precariedade, pela fragilidade e pelo desaparecimento desses mesmos empregos representa um perigo escandaloso. Pior ainda: eles retardam a asfixia do mercado de trabalho. Ora, asfixia e pânico são as tetas da economia na sua expansiva modernidade, e as melhores garantias de uma "coesão social".

O desemprego, amigo público número um?

Não é também um tanto surpreendente que um país onde se expande tanta miséria verdadeira (e isso vale para muitos outros países desenvolvidos), um país orgulhoso de seus "*restos du coeur*"[1] (cuja necessidade equivale a uma acusação), ouse todavia proclamar-se a quarta potência econômica mundial? E não é surpreendente ver esta quarta potência mundial vangloriar-se, virar as costas e desobrigar-se o máximo possível dos problemas de saúde, de educação, de habitação e outros, com o pretexto de decretá-los "não rentáveis"?

Seria odioso, entretanto, mostrar-se exageradamente racional, materialista e trivial, a ponto de ousar perguntar que resultados emergem desse festival de exportações, desses impulsos da balança comercial que, sem dúvida, nos fazem estremecer de orgulho pela ideia de ser a potência *number four* – lá no pódio, em meio aos abrigos de papelão dos SDFs, as curvas ascendentes do desemprego e as curvas decrescentes do consumo –, mas que todavia não parecem ter qualquer influência sobre a vida dos barracos. Nem sobre a das cidades.

Muita influência, em compensação, sobre a vida de numerosos grupos, redes de empresas ou outros operadores financeiros. E sobre a vida de seus dirigentes que, de seu ponto de vista, têm toda a razão de se felicitar e de ter um modo de vida que, afinal, é o mais lícito possível.

A seu favor, eles têm o encanto da lucidez e seguem logicamente suas próprias lógicas, seus próprios interesses, ainda com aquela admirável faculdade, aquela sabedoria invejável de não se inquietar com situações que geram a miséria. De serem sensíveis apenas àquela miséria encontrada nos romances e nos filmes, que os deixa enternecidos ou indignados durante o tempo da leitura ou da projeção, com todo o ardor de uma generosidade geralmente adormecida. A miséria e a injustiça não aparecem para eles, que não as reconhecem como insuportáveis, e só são levadas a sério quando elas se integram na ordem do divertimento. Apropriam-se delas então, extraindo emoções controláveis, deleitáveis.

---

1 Restaurantes caritativos, criados expressamente para oferecer refeições gratuitas aos pobres. (N. T.)

Vejamos aqui uma leitura exemplar: a dos *Miseráveis*. Cosette e sua mãe os incomodam numa tela, num palco, numa página. E Gavroche, então, que na cidade eles execram! Os mais cruéis, os mais exploradores, os mais indiferentes, os mais bem nutridos identificam-se com os oprimidos ou com seus protetores. Mas quem se identifica com os Thénardier? Ninguém! Entretanto... Realmente?... Não! Você não está pensando nisso! Eles, nós, é Cosette, é Gavroche! A rigor, Jean Valjean. Pensando bem, antes Jean Valjean. Todos eles são... todos nós somos Jean Valjean. E, em primeiro lugar – como Jean Valjean de honra –, as "forças vivas da nação"!

A utopia capitalista realizou-se no tempo desses tomadores de decisões, como não iriam eles alegrar-se? Essa é uma satisfação natural, humana. Demais? Não é problema deles, que se limitam aos negócios. Eles não têm tempo sequer para pensar nisso, preocupados que estão em procurar sempre mais lucro, o qual, sejamos justos, para eles, tem primeiro o sentido de "sucesso".

Eles vivem num mundo sedutor, do qual têm uma visão excitante que, pela sua redução despótica, funciona. Funesto, este não deixa de ter um sentido para quem dele participa. Mas suas lógicas, sua inteligência determinada levam fatalmente ao desastre de sua hegemonia. Sejam quais forem suas demonstrações sabiamente hipócritas, sua potência é posta a seu próprio serviço, ou seja, a serviço daquela arrogância que o faz considerar bom para todos aquilo que lhe é rentável. E como natural, para um mundo subalterno, ser sacrificado por isso.

Atualmente, eles têm outra vez toda a razão e o dever de explorar uma situação e uma época abençoada como a nossa, na qual não existe mais nenhuma teoria, nenhum grupo digno de crédito, nenhuma maneira de pensar, nenhuma ação séria para se opor a eles.

Isso nos permite assistir a essas obras-primas de estratégia persuasiva, que conseguem convencer que políticas que acarretam ou até mesmo aceleram a ruína social, a pauperização, em detrimento de uma imensa maioria, não são apenas as únicas possíveis, mas também as únicas desejáveis, em primeiro lugar... para essa maioria.

Primeiro argumento, sob a forma de refrão: a promessa redundante e sempre mágica de "criações de empregos". Fórmula sabidamente vazia, definitivamente desgastada, mas que não deixa de ser inevitável, já que deixar de mentir a esse respeito poderia logo significar deixar de acreditar, ter que acordar para se descobrir no meio de um pesadelo não pertencente ao domínio do sono, nem sequer do sonho acordado – e ter de enfrentar a realidade brutal, o perigo imediato, contingente. O tormento da urgência. Talvez o pânico do "tarde demais" em face de um fechamento geral. Planetário, na verdade.

E sem armas diante disso. A menos que a lucidez, o senso da exatidão, a exigência da atenção, o esforço de inteligência não sejam armas potenciais, que permitiriam atingir pelo menos a autonomia, a faculdade de não se deixar absorver pelo ponto de vista dos outros, mas levar a si próprio em consideração, situar-se e reconhecer-se não mais pela visão dos outros.

Não mais integrar o julgamento dos outros, não mais encampá-lo, equivaleria a não mais aceitar e menos ainda adotar o veredito deles como evidente. A não mais condenar-se a si próprio por parte deles. Primeiro passo dado para fora da vergonha imposta, por exemplo, aos desempregados, e que poderia levar para fora de toda subordinação.

Um passo, o único talvez, mas não uma solução. Não a procuraremos aqui. Elas são o apanágio dos políticos que, prisioneiros do curto prazo, tornam-se seus reféns. Seu eleitorado exige, no mínimo, promessas de soluções rápidas. Eles não deixam de distribuí-las. Não devemos isentá-los delas! Mas, em geral, eles não fazem outra coisa a não ser atacar às pressas algum detalhe superficial que, vagamente remendado no melhor dos casos, permitirá suportar melhor o mal-estar geral – mal-estar e infortúnio que ficarão estagnados, às vezes mais turvos ainda, porque mais bem mascarados por aquele detalhe.

A chantagem contra a solução altera os problemas, previne contra qualquer lucidez, paralisa a crítica à qual é fácil então replicar (em tom de ironia benévola): "Sim, sim... e o que você propõe?". Nada! O interlocutor já desconfiava disso, aliviado de antemão: sem solução à vista, pelo menos possível, o problema desaparece. Colocá-lo seria irracional, e mais irracional ainda qualquer comentário, qualquer crítica a respeito.

Uma solução? Talvez não haja. Será que por isso não se deve tentar esclarecer aquilo que escandaliza e compreender o que se está vivendo? Adquirir pelo menos essa dignidade? Segundo a opinião geral, infelizmente, não considerar certa a presença de uma solução, mas insistir em colocar o problema, é tido como uma blasfêmia, uma heresia, claramente imorais, insanas e sobretudo absurdas.

Daí tantas "soluções" falsas, apressadas, tantos problemas camuflados, negados, escondidos, tantas questões censuradas.

Pode haver ausência de solução; em geral, significa que o problema está mal colocado, que ele não se encontra no lugar em que foi colocado.

Exigir a certeza de uma solução pelo menos virtual, antes de levar em conta uma questão, equivale a substituí-la por um postulado, a desnaturar até a questão colocada, que é então desviada por causa da possibilidade de encontrar obstáculos incontornáveis, efeitos desesperantes. Obstáculos que, apesar de evitados, nem por isso desaparecem, mas se prolongam, insidiosos, censurados, tanto mais arraigados e perigosos quanto evitados. Contornar, evitar, travestir tornam-se a preocupação essencial, e o essencial não será abordado; mas, o que é pior, será supostamente resolvido.

Dessa maneira, foge-se à crítica da própria questão, evita-se encarar a possibilidade de uma ausência de solução que obrigaria a se concentrar sobre a situação, em vez de afastar-se dela em benefício de soluções improváveis, nem sequer entrevistas, mas supostamente existentes. Escapa-se das asperezas, da angústia insuportável do presente cuja substância é desprezada enquanto o seu potencial de ameaças é censurado. E não se denuncia, mas, pelo contrário, deixa-se correr a impostura principal que faz que se demore em torno de falsos problemas, a fim de que as verdadeiras questões não possam ser colocadas.

Evitando essas questões, poupa-se de imediato a revelação do pior, mas temer a revelação do pior não significa correr o risco de precipitar-se nele? Não significa continuar a debater-se com forças cada vez mais declinantes, sem nem sequer saber o que se debate, nem contra quem? Ou por quê?

Não é terrível permanecer assim passivos, como que paralisados, petrificados diante daquilo de que depende nossa sobrevivência? Porque uma das questões verdadeiras consiste em se perguntar se essa sobrevivência está programada ou não!

Ora, o aparelho político esforça-se em desviar, em suprimir essas questões; ele se mobiliza, converge para outras, capciosas, e focaliza em torno delas a opinião, mantida dessa forma em suspense em torno de falsos problemas.

Desvio de atenção que se exacerba quando se trata do fenômeno, mais vital (ou mais mortal) do que se pensa, do desaparecimento do trabalho e do prolongamento artificial de seu império sobre todos os nossos dados. Rediscussão das falsas questões colocadas, restabelecimento das evitadas, denúncia das escamoteadas, supressão das arbitrariamente repostas (mas dadas como capitais quando não são postas), só isso permitiria descobrir as questões essenciais, urgentes, nem sequer entrevistas. Questões que certamente denunciariam a duplicidade dos poderes, ou melhor, das potências, e seu interesse de que a sociedade permaneça enfeudada dentro do sistema antigo, baseado no trabalho.

Interesse crescente por esses tempos que se costuma chamar "de crise" e cujos efeitos são tão benéficos aos mercados: populações anestesiadas, tomadas pelo pânico; trabalho, serviços obtidos por quase nada; governos submetidos a uma economia privada todo-poderosa ou que, no mínimo, dependem dela como nunca. Interesse servido por "soluções" que são geralmente enxertadas com urgência sobre uma situação já podre, não definida, não analisada, menos ainda esclarecida. O fracasso dessas "soluções" artificiais, apressadas, sabotadas, servindo então para provar que para esses problemas só há uma resposta, que consiste em deixar toda situação deteriorar-se no *status quo*.

A urgência verdadeira convida a operar constatações. Só elas escapam à interdição mais radical: a percepção de um presente sempre escamoteado. Só a constatação mostra sob uma luz crua aquilo que, geralmente oculto, permite a manipulação. É só fixando o acontecimento, a fim de examiná-lo em seu movimento, em sua própria fuga, seus travestimentos e suas contradições, que o descobriremos tal qual ele é, não traficado. Não escondido sob alguns *a priori*, alguns corolários factícios.

Na falta de soluções fictícias, talvez tenhamos então a oportunidade de perceber, enfim, os verdadeiros problemas, e não aqueles para os quais querem nos desviar. É a partir de uma ruptura com a esperteza das versões apressadas, das percepções factícias, dos simulacros impostos, que será possível abordar aquilo em que estamos realmente implicados. Só assim então é que se poderá tentar esclarecê-lo, e – mas sem nenhuma certeza – até resolvê-lo. Pelo menos se descobrirá do que se trata e, sobretudo, quais as armadilhas a evitar: problemas que servem de cortina, encenações trucadas. É a partir daí – e só daí – que será possível lutar contra um destino. Por um destino. Para adquirir e recobrar a capacidade de conduzir esse destino, nem que seja para sofrê-lo, nem que ele seja desastroso.

A flexibilidade, o estremecimento de um destino, seu peso de esperança e de temor, isso que é recusado, que se recusa a tantos jovens, moças e rapazes, impedidos de habitar a sociedade tal como ela se impõe a eles, como a única viável – também como a única respeitável, a única autorizada. A única que proposta, mas proposta como uma miragem, já que, como a única lícita, ela lhes proibida; como a única em vigor, ela os rejeita; a única a circundá-los, ela lhes permanece inacessível. Reconhecemos aos paradoxos de uma sociedade baseada no trabalho, quer dizer, no emprego, enquanto o mercado do emprego está periclitando, mas até perecendo.

Paradoxos que encontramos, exacerbados, em certos subúrbios. Porque, se ter acesso ao trabalho afigura-se difícil para maioria e sem grande esperança para muitos, outros, e em primeiro lugar aqueles a quem chamamos "os jovens" – subentendido: os dos subúrbios considerados "sensíveis" –, quase não têm qualquer chance de um dia ter esse direito. É sempre aquele mesmo fenômeno de uma forma única de sobrevivência, excludente.

Para esses "jovens" destinados de antemão a esse problema, fundidos com ele, o desastre é sem saída e sem limites, nem mesmo ilusórios. Toda uma rede rigorosamente tecida, que já quase é uma tradição, lhes proíbe a aquisição não só de meios legais de viver, mas também de qualquer razão homologada para fazê-lo. Marginais pela sua condição, geograficamente definidos antes mesmo de nascer, reprovados de imediato, eles são *os* "excluídos" por excelência. Virtuoses da exclusão! Por acaso eles não moram naqueles lugares concebidos para se transformar em guetos? Guetos de trabalhadores, antigamente. De sem-trabalho, de sem-projeto, hoje. Por acaso esse endereço não indica uma daquelas *no man's land*, – que se mostram como tais, sobretudo em face de nossos critérios sociais – consideradas "terras de ninguém" ou "terras dos que não são homens", ou mesmo de "não homens"? Terrenos que parecem cientificamente criados para uma vida periclitante. Terrenos vagos, e quantos!

Esses "jovens", que não se limitarão a representar "os jovens", mas que se tornarão adultos, que envelhecerão se suas vidas lhes proporcionar vida, terão que carregar, como todo ser humano, o peso cada vez maior dos dias futuros. Mas um futuro vazio, no qual tudo o que a sociedade dispõe de positivo (ou que ela dá como tal) parece que foi sistematicamente suprimido de antemão. Que podem eles esperar do futuro? Como será sua velhice, se chegarem até lá?

É imediata e flagrante aqui a situação de injustiça e de desigualdade, sem que os interessados sejam os responsáveis, sem que eles próprios se tenham colocado nessa situação. Seus limites já estavam fixados desde antes de nascer, e os corolários desse nascimento eram previstos como rejeições, como exclusões mais ou menos tácitas, ligadas a tanta indiferença.

Indiferença da qual a sociedade desperta sempre assustada, escandalizada: "eles" não se integram; "eles" não aceitam tudo com a gratidão que era de esperar – pelo menos sem se debater, sem sobressaltos, aliás inúteis, sem infrações ao sistema que os expulsa, que os encarcera na evicção. Nem sem responder à agressão latente e permanente que é seu apanágio, por agressões ainda mais brutais, ostensivas, explosivas que quase sempre ocorrem. Bloqueados numa segregação não formulada, mas de fato, sejam franceses natos ou de origem estrangeira, ou simplesmente estrangeiros, "eles" têm a indecência de não se integrar!

Mas integrar-se a quê? Ao desemprego, à miséria? À rejeição? Às vacuidades do tédio, ao sentimento de ser inútil ou até mesmo parasita? Ao futuro sem projeto? Integrar-se! Mas a que grupo rejeitado, a que grau de pobreza, a que tipos de provas, que sinais de desprezo? Integrar-se a hierarquias que, de imediato, relegam ao nível mais humilhante sem dar jamais a possibilidade de fazer as provas? Integrar-se a essa ordem que, de ofício, nega todo direito ao respeito? A essa lei implícita que quer que aos pobres seja concedida vida de pobre, interesses de pobre (isto é, nenhum interesse) e trabalhos de pobre (se houver trabalho)?

Fazer aqui uma distição ou não entre franceses natos e filhos de imigrados com direito ou não à cidadania francesa equivaleria a cair numa daquelas armadilhas destinadas a desviar do essencial, dividindo para dominar. Antes de tudo, trata-se de *pobres*. E de *pobreza*.

O racismo e a xenofobia exercidos contra os jovens (ou contra os adultos) de origem estrangeira podem servir para desviar do verdadeiro problema, da miséria e da penúria. Costuma-se limitar a condição de "excluído" a questões de diferenças de cor, nacionalidade, religião, cultura, que não teriam nada a ver com a lei dos mercados. Entretanto, são os pobres, como sempre e desde sempre, que são os excluídos. Em massa. Os pobres e a pobreza. Mesmo quando se levantam pobres contra pobres, oprimidos contra oprimidos e não contra os opressores, contra aquilo que oprime, é essa condição que é visada, castigada e repudiada. Ao que se saiba, jamais se viu um emir expulso, "amarrado" num *charter*!

São os pobres que, de imediato, são indesejáveis, de imediato colocados onde só há ausência, confisco: naquelas paisagens tão próximas e tão incompatíveis em que se transformaram, em que deixamos que se transformassem, aqueles subúrbios onde ficamos livres de uma parte dos que não nos servem mais, colocados assim de lado, estabelecidos naquelas obras-primas de anulação latente. Lugares banidos que, em seu conjunto, manifestam o vazio, a ausência do que se acha em outro lugar, do que não está ali, mas que ali se torna ainda mais consciente. Cenário daquilo que falta. Lugares da subtração (mas que podem e devem ser também do hábito, da intimidade, da memória). Lugar de despojamento que, estranhamente, conviria a eremitas, à ascese. Molduras despojadas, desencorajadas, desencorajantes. Emblemas transparentes de um distanciamento, de uma melancolia que eles ao mesmo tempo expõem e provocam, traduzem e constituem.

É aí, nesse vazio, nessa vacância sem fim que destinos são aprisionados e desagregados, é aí que se afogam energias, que se anulam trajetórias. Aqueles cuja juventude, impotente, caiu nessa armadilha têm consciência disso e preferem não demorar a enfrentar a sequência de suas vidas. À pergunta: "Como você se vê daqui a dez anos?", um deles respondeu: "Não me vejo nem até o fim da semana".[1]

Será que se imagina o que eles sentem na lentidão dos dias que se arrastam, em não ter direito a nada daquilo que lhes mostram como fazendo parte da vida? Em serem considerados não só desprovidos de qualquer valor, mas simplesmente inexistentes em face dos valores ensinados – e ainda se admira que eles não sejam entusiastas desses valores e tampouco do ensino que os veicula!

Por que eles ficariam tocados? Espanta-se a opinião geral. Já que são eles, os pobres, não é natural que o sejam? Já que eles moram aqui, não é natural que estejam nesse estado?

Os preconceitos contra eles são tão desfavoráveis e tão geralmente compartilhados, que esses rapazes e essas moças são considerados culpados até de morar nessas regiões. Sua dificuldade em encontrar um emprego é redobrada quando têm que dar o endereço. Não se trata aqui de pregar qualquer angelismo, de negar a delinquência e a criminalidade, mas de observar que o autismo está instalado dos dois lados, do lado deles e do lado de quem os relega. A insegu-

1 France 3, "Saga-cités", 10 de fevereiro de 1996. ("Saga-cités" é um programa da Rádio France 3, cujo título é um jogo de palavras: "Saga-cidades" – N. T.)

rança? Mas que outra coisa lhes é infligida? Admitamos que cada um culpado pelo que faz da sua situação. Mas não foram eles que se colocaram nela, que a criaram e, menos ainda, que a escolheram. Não foram eles os arquitetos desses lugares mortíferos, nem decidiram projetá-los, aprová-los, encomendá-los. Não foram eles que os autorizaram. Eles não são déspotas que inventaram o desemprego e erradicaram esse trabalho que faz tanta falta, a eles e às suas famílias! Eles são apenas mais penalizados que todos os outros por não ter trabalho.

Os danos que eles provocam são visíveis, mas e os que eles sofrem? Sua existência funciona como um pesadelo vago e sem fim, fruto de uma sociedade organizada sem eles, baseada cada vez mais em torno de sua rejeição mais ou menos implícita. Mas o cinismo leva todo poder a voltar seu ressentimento contra aqueles que ele próprio oprime. E isso nos é muito conveniente, já que a convicção geral pretende que a infelicidade social seja uma punição. Sim, é – mas iníqua.

As vidas devastadas desses "jovens" (e dos menos jovens) não despertam qualquer escrúpulo nos outros. Para eles, o escrúpulo é vergonhoso de ser detestado.

Nesse contexto, que se chamaria mais propriamente de "inqualificável", suas brutalidades, suas violências são inegáveis. Mas e as devastações de que eles são vítimas? Destinos anulados, juventude deteriorada. Futuro abolido.

Eles são criticados por reagir, por atacar. Na verdade, apesar da delinquência – mas por causa dela também –, eles estão em posição de fraqueza absoluta, isolados, obrigados à aceitação total, se não ao consentimento. Seus sobressaltos são iguais aos de animais caçados, antecipadamente vencidos e que sabem disso, às vezes por experiência. Não possuem qualquer "meio", pressionados dentro de um sistema todo-poderoso onde não há lugar para eles, mas do qual também não têm a capacidade de afastar-se, mais arraigados do que todos os outros no meio daqueles que queriam vê-los no inferno e que não escondem isso. Eles sabem por si próprios que estão sem trabalho, sem dinheiro, sem futuro. Tanta energia perdida. Vítimas, por essa razão, de uma dor subterrânea, efervescente, que provoca raiva e abatimento ao mesmo tempo.

Imagine *a* juventude, a sua, a dos seus familiares, reduzida a esse estado (que começa a aparecer em todos os escalões da sociedade, ainda fraco, mais latente, menos fatal). Para eles, não existem opções legais a não ser aquelas que lhes são recusadas. A própria inquietação é inútil quando não há esperança. Quando o futuro se anuncia idêntico ao presente, sem projeto, e com a idade avançada. Enquanto isso, a vida chama. Enquanto nada lhes foi sequer insinuado sobre a riqueza que poderia conter seu único luxo, aquele tempo chamado "livre", que poderia ser livre, vibrante, e fazê-los vibrar, mas que os oprime, torna suas horas desvairadas, inimigas.

O mais escandaloso reside talvez no confisco daqueles valores hoje proibidos – digamos: valores culturais, da inteligência – porque não representam "nichos vendedores", mas sobretudo porque haveria perigo em deixar filtrar elementos mobilizadores num sistema que leva à letargia; que encoraja um estado que ousaríamos comparar ao da agonia.

Mesmo que possa parecer igualmente escandalosa essa desconsideração que têm para consigo próprios, enjaulados dentro do desprezo, na ausência de qualquer respeito para consigo e para com os seus, oprimidos naquela vergonha mais ou menos recalcada no ódio, e que, mesmo recalcada, não impede que na orla de sua vida sejam considerados e se considerem degradados, pelo simples fato de existir, e sejam levados como tantas vítimas a se culpar, a dirigir sobre si mesmos o olhar depreciativo dos outros, a juntar-se àqueles que os reprovam.

Será que alguém acredita que eles poderiam, que eles podem recusar-se a ser mantidos assim petrificados nessa condição mais que subalterna, e que poderiam negar a legitimidade ou criticar a sorte que lhe é imposta, sem parecer estar fazendo subversão? Sem parecer opor-se, bestas e malvados, à fatalidade? E quem os apoiaria? Que grupos?

Que textos? Que pensamento? Eles só podem recusar sua sorte e seu jugo por meios que geralmente descambam para a violência e a ilegalidade, que os enfraquecem ainda mais e respondem em parte aos desejos daqueles que têm interesse em mantê-los nesse abandono, assim justificado.

Desses repudiados, desses abandonados à própria sorte e lançados num vazio social, esperam-se, entretanto, comportamentos de bons cidadãos destinados a uma vida cívica, toda de deveres e de direitos, ao passo que lhes é retirada toda oportunidade de cumprir qualquer dever, enquanto seus direitos, já bastante restritos, são simplesmente ridicularizados. Que tristeza então, que decepção vê-los infringir os códigos da civilidade, as regras de conveniência daqueles que os marginalizam, os desrespeitam, os empurram, os desprezam! Não vê-los adotar as boas maneiras de uma sociedade que tão generosamente manifesta alergia pela sua presença, ajudando-os a considerar a si mesmos fora de jogo!

De quem estão zombando?

E de quem mais, ao propor-lhes sob fórmulas diversas, e a pretexto de emprego, ocupações imbecis, mal remuneradas, como – última invenção nos dias de hoje – atuar como polícia sem ser da polícia e sempre mal remunerado em seus próprios prédios, junto a seus amigos – ou até contra eles! Não estaríamos longe da delação oficializada. E muito próximos de uma guerra de quadrilhas astuciosamente preparada. Tranquilizemo-nos: esse projeto de projeto será, como tantos outros, esquecido no dia seguinte. Essas cantilenas terão, entretanto, orientado os meios de comunicaçao e os espíritos, e ocupado o tempo. A imaginação das instâncias no poder é sem limites quando se trata de distrair a plateia com improvisões insanas, sem efeitos, se não nefastas, sobre nada.

Menos ainda sobre esses jovens bloqueados num mundo onírico, com seus furores sinistros, suas carências de perspectivas e, como únicos valores oficialmente oferecidos, os da moral cívica, a maioria dos quais ligada ao trabalho – que eles não têm meios de seguir –, ou das mercadorias sacralizadas pela publicidade, que eles também não têm meios de adquirir; legalmente, pelo menos.

Excluídos do que exigido deles, portanto do desejo eventual de responder a isso, só podem inventar para si outros códigos, válidos em circuito fechado. Códigos defasados, rebeldes. Ou então seguir certos delírios. Atração da droga, desastres do terrorismo. Tentação de ser proletários. De ser os proletários de alguma coisa: estamos nesse ponto!

O que têm eles a perder se nada receberam, a não ser modelos de vida que tudo os impede de imitar? Modelos oriundos de uma sociedade que os impõe sem permitir que eles se adaptem. Essa impossibilidade de reproduzir os critérios de meios sociais que lhes são proibidos e que os rejeitam é imediatamente repertoriada como uma defecção, como uma recusa brutal, um sinal de inaptidão, uma prova de anomalia da parte deles, e como o pretexto ideal para continuar a negá-los e renegá-los. Para esquecê-los lá, renegados, proscritos.

Fora de jogo!

Chega-se aqui ao auge do absurdo, da inconsciência planejada. Da tristeza também. Porque eles são como seus pais (e, em princípio, como seus descendentes), excluídos de uma sociedade baseada num sistema que não funciona mais, mas fora da qual não há salvação nem estatuto. Pelo menos dentro da legalidade.

Talvez eles representem para ela a imagem perfeita de sua própria agonia ainda camuflada, ainda retardada. A imagem daquilo que o desaparecimento do trabalho produz numa sociedade que teima em basear nele seus únicos critérios, seu fundamento. Sem dúvida, assustada, ela encontra aí a imagem de seu futuro, e essa imagem inconscientemente recebida como premonitória acentua a sua crispação. Sobretudo, o desejo de declarar-se e de considerar-se diferente dos que estão marginalizados.

Talvez a imagem desses "jovens" ilustre aquilo que essa sociedade inquieta teme para si mesma, circundando-os daquilo que nada é mais que seus traços, mantendo-os no seio de um sistema quase abolido com o qual ela os repudia.

Mantidos e até mesmo fixados no repúdio, ei-los em face do vazio, nessa vertigem da deportação local para espaços carcerários sem muros tangíveis, de onde não se pode fugir. Uma ausência de grades físicas que proíbe a evasão.

Ei-los, na idade efervescente, com seus sonhos antiquados, nostalgias inúteis. Com um desejo louco, mascarado pelo ódio, por essa sociedade superada da qual eles serão certamente os últimos em quem ela provoca ilusão! Só aqueles que são expulsos dela, que vivem em suas fronteiras, isolados, que ainda podem tomá-la por uma Terra Prometida. Como nos maus romances, o amor e suas fantasias ficam exacerbados diante das recusas do amante ou da amante.

Ocorre o mesmo com alguns desses "jovens" – com todos, talvez tomados por um sonho louco: integrar-se numa sociedade geograficamente contígua, mas inacessível às suas biografias. Muitos deles – bem mais do que se imagina – têm o desejo de poder ousar esse sonho tão preciso quanto real: conseguir trabalho. Como se o trabalho fosse o Santo Graal para o cavaleiro! Mas eles não fazem absolutamente o gênero Nibelungo; fazem, antes, o gênero... Bovary. Sim, o gênero Emma Bovary! Ei-los então, como ela, ávidos do que deveria ser, mas não é, daquilo que, se não foi prometido, pelo menos foi contado, celebrado. Daquilo que fez sonhar e que está faltando. Ei-los, tal, como Emma, não admitindo a carência daquilo que se esquiva, que se imagina em outra parte, mas que não se encontra, que não se produz jamais. E sem o qual só existe no infinito um oceano de tédio sem fundo e, a perder de vista, a perda no meio dos possuidores.

Ei-los então, vítimas da ausência, prisioneiros da lacuna, cobiçando aquilo que não existe, e frustrados, como Emma, por um programa tanto mais excelente quanto quimérico. Eles se veem sem estatuto, como ela se achava sem amor. Ávidos e privados daquilo que julgavam real e devido, perdem a vergonha, como ela. Tentam em vão representar aquilo que desejam e, como ela, só produzem a caricatura. A menos que a sociedade seja, ela própria, a caricatura daquilo que a vida poderia ou deveria ser. Daquilo que seria afinal razoável que ela fosse. O que Flaubert já sabia, como cúmplice dos sonhos de seu personagem, do qual dizia: "Madame Bovary sou eu".

Então, eles roubam, da mesma maneira que ela fazia dívidas, e se drogam, como ela fazia amor, para conseguir o que jamais teve valor e que exaltaram como acessível, desejável, necessário e certo. Imobilizados, como ela, na "sequência dos mesmos dias", eles esperam "peripécias infinitas"[2] e, como ela, em sua província, tentam obter um papel, preponderante, nem que seja fora dos códigos e das leis. Como Emma, eles irão se comprometer e se debater em vão, para terminar, como ela, logicamente vencidos. Enquanto isso, propaga-se mais uma vez, para sempre talvez, a moral dos Homais condecorados, discursando, supondo colocar em lugar seguro o veneno que possuem.

Supondo, sobretudo, cobrir todo o horror planetário com seus discursos pontificantes, com suas cantilenas, a ponto de deixar as pessoas indiferentes. Melhor ainda: a ponto de todos se tornarem surdos, cegos, inacessíveis até a beleza que, nesse horror mágico, é muitas vezes produzida pelo heroísmo da luta travada pelos seres humanos, não contra a morte, mas com o fim de malograr com maior fervor o estranho e avaro milagre de suas vidas. A maravilhosa aptidão que eles têm para se inventar a si mesmos, para explorar o breve intervalo que lhes é concedido. A indizível beleza oriunda da ambição demente de administrar este apocalipse, de descobrir, de construir conjuntos, ou melhor, de elaborar, de cinzelar um detalhe, melhor ainda, de inserir sua própria existência na confusão dos desaparecimentos. De participar, por todos os meios, de uma certa continuidade, embora deplorável, ao mesmo tempo que, amarrados na ordem do tempo, seus corpos e seus respiros, do berço à sepultura, em desordem, são todos abolidos de antemão, em vias de destruição. Estoicismo que permite que a vida não seja um prefácio para a morte. Não somente.

---

2 FLAUBERT, op. cit., s. d.

Aqui, um parêntese, mas que não nos afastará do "problema dos subúrbios", nem daqueles outros problemas cujas versões expressamente falsificadas nos são destiladas como venenos, com uma facilidade desconcertante, já que estamos anestesiados pela cantilena dos Homais, cuja verdadeira vocação é ensurdecer e embrutecer.

A vocação da cultura, em compensação, consiste em suscitar, entre outras coisas, a crítica de seus pedantismos imbecis – e fornecer os meios para isso. Em fazer ouvir uma coisa diferente situada mais além, nem que seja o silêncio. Aprender a ouvir, permitir que esses rumores cheguem até nós, perceber suas linguagens, deixar propagar-se um som, definir-se um sentido, e um sentido inédito, é uma maneira de libertar-se um pouco do falatório ambiente, ficar menos preso à redundância, oferecer um pouco de campo ao pensamento.

Pensar é algo que certamente não se aprende; é a coisa mais compartilhada do mundo, a mais espontânea, a mais orgânica. Mas aquela também da qual se é mais afastado. Pode-se desaprender a pensar. Tudo concorre para isso. Entregar-se ao pensamento demanda até mesmo audácia quando tudo se opõe, e, em primeiro lugar, com muita frequência, a própria pessoa! Engajar-se no pensamento reclama algum exercício, como esquecer os adjetivos que o apresentam como austero, árduo, repugnante, inerte, elitista, paralisante e de um tédio sem limites. Frustrar as artimanhas que fazem crer na separação entre o intelectual e o visceral, entre o pensamento e a emoção. Quando se consegue isso, é como se fosse a eterna salvação! E isso pode permitir a cada um tornar-se, para o bem ou para o mal, um habitante de pleno direito, autônomo, seja qual for seu estatuto. Não é de surpreender que isso não seja nem um pouco encorajado.

Porque não há nada mais mobilizador do que o pensamento. Longe de representar uma sombria demissão, ele é o ato em sua própria quintessência. Não existe atividade mais subversiva do que ele. Mais temida. Mais difamada também; e não é por acaso, não é inocente: o pensamento é político. E não só o pensamento político. Nem de longe! Só o *fato* de pensar já é político. Daí a luta insidiosa, cada vez mais eficaz, hoje mais do que nunca, contra o pensamento. Contra a *capacidade de pensar*.

A qual, entretanto, representa e representará, cada vez mais, nosso único recurso.

Já relatei em outro lugar,[1] e vou resumir aqui, como, em 1978, durante um colóquio na Áustria, em Graz, toda a sala caiu na gargalhada quando um dos oradores perguntou ao público (muito internacional) se conhecia Mallarmé, "um poeta francês". Não conhecer Mallarmé! Mais tarde, um italiano tomou a palavra e ficou indignado com esses risos. Por sua vez, ele mencionou vários nomes próprios. "Conhecem?" Ignorávamos todos. Eram nomes de marcas de metralhadoras. Ele estava voltando de um país que considerava exemplar, um país em guerra civil, onde "90% dos habitantes" conheciam esses nomes; mas 0% o de Mallarmé. Nós, então, éramos elitistas, afetados, esnobes; numa palavra, "intelectuais". Não tínhamos o senso dos verdadeiros valores; os nossos eram fúteis, narcisistas, mesquinhos, inúteis. Entretanto, existiam lutas a travar. Urgência. Ele nos contemplava enojado, com os olhos cheios de furor. Humilhada e contrita – tanto mais que o tema do

1 FORRESTER, op. cit., 1980.

colóquio não era outro senão, suprema ignomínia, "Literatura e princípio de prazer"! –, a sala ovacionou-o.

Algo me incomodava, eu tinha pedido a palavra e me ouvi dizendo que talvez não fosse desejável achar natural que uma imensa, uma gigantesca maioria não tivesse outra escolha a não ser ignorar Mallarmé. Maioria que não tinha feito a escolha de não ler Mallarmé, mas que não o conhecia, nem sequer de nome. Ao passo que nosso detrator, ele próprio, para estar em condições de lamentar nossa erudição, devia conhecê-la de perto.

Ora, dentro dessa imensa maioria de grupos sociais afastados do nome de Mallarmé existia a mesma proporção que no nosso grupo – tão desastrosamente minoritário – de homens e mulheres aptos a ler Mallarmé e a saber se o apreciavam ou não. Eles não tinham tido direito, como nós, à sequência de formações e de informações que levam a conhecer sua existência, e à liberdade de escolher entre lê-lo ou não. E, tendo-o lido, de apreciá-lo ou não.

Se o usuário da metralhadora, se os camponeses da África (eu me ouvia repetindo uma lista hoje superada, mencionada pelo nosso amigo), os mineradores do Chile, assim como a maioria dos OSs europeus (hoje, diríamos os desempregados[2]) ignoravam tudo de Mallarmé e dos caminhos que levam ao seu nome, não era por vontade própria: era por falta dos meios de acesso. E, de todos os lados, cuidava-se para que não pudessem obtê-los. Para eles, as metralhadoras! Para outros, o lazer de gostar ou não de ler Mallarmé.

---

2 Nos nossos dias, quase vinte anos mais tarde, nosso amigo poderia fazer outra pergunta. Para isso, ele nem precisaria viajar, bastaria dar uma volta pelas agências de emprego. Na França, ele ficaria conhecendo uma cultura específica, dentro da qual estão mergulhados os solicitantes daqueles empregos evanescentes. Cultura na qual eles são os únicos, ou quase os únicos, iniciados (mas o número aumenta cada vez mais!). Cultura que se revela bem mais hermética que qualquer página de Stéphane Mallarmé! Cultura das florestas de siglas. "Alguém conhece – poderia ele perguntar – o sentido de PAIO, de PAQUE, de RAC, de DDTE, de FSE, de FAS, de AUD, de CDL, entre tantas outras?" O que lhe responderíamos?

Ora, alguma coisa mudaria, enfim (eu ouvia minha voz prosseguindo), se os camponeses da África etc. tivessem os meios de escolher eles próprios os objetos de seu conhecimento, de decidir em razão da abundância de que nós dispúnhamos. Seria uma qualidade ignorar o nome de Mallarmé, mas não o de uma metralhadora? Podíamos tentar decidir. Nosso amigo decidia por eles. Eles não podiam. Não tinham essa latitude, esse direito. Que nós tínhamos.

Os dirigentes dos movimentos políticos de todos os lados – ou dos dois lados em caso de conflito preciso – não eram por acaso mais próximos entre si, mais aptos a intercâmbios do que cada um de seus partidários, de seus executantes – em suma, os usuários de metralhadoras?

Os sistemas que, de maneira mais ou menos lenta, mais ou menos ostensiva, mais ou menos trágica, levam a impasses, seriam bem mais ameaçados e suas potências controladas, se Mallarmé tivesse mais leitores, potenciais ou não. E os poderes não se enganam quanto a isso. Eles sabem muito bem, sim, onde reside o perigo. Quando um regime totalitário se impõe, são os Mallarmé que, instintivamente, ele identifica primeiro, que exila ou suprime, mesmo que tenham pouca audiência.

O trabalho de um Mallarmé *não* é elitista. Ele tende a quebrar a carapaça de que somos prisioneiros. Tende a decifrar a língua, seus signos, seus discursos, e a nos tornar assim menos surdos, menos cegos àquilo que tentam nos dissimular. Ele tende a dilatar nosso espaço. A exercer, afinar, moldar o pensamento, que é o único a permitir a crítica, a lucidez, essas armas importantes. As metralhadoras são violentas, indispensáveis, às vezes, para evitar o pior, mas sua violência é prevista, faz parte do jogo e serve quase sempre ao eterno retorno das mesmas mudanças. Deslocam-se os termos, sem mudar a equação. A história é feita desses sobressaltos. A hierarquia passa muito bem.

A leitura de Mallarmé supõe como adquiridas certas faculdades que poderiam levar a certos domínios e, daí, ao acesso de certos direitos. Faculdade de não responder ao sistema só nos termos redutores oferecidos por ele, e que anulam qualquer contradição. Faculdade de denunciar a versão demente do mundo dentro da qual nos fixam, e que os poderes se queixam por ter que manter quando são eles que a instauraram deliberadamente.

Mas, para melhor arregimentar, sujeitar, seja qual for o lado em que estejam os poderes, desvia-se o organismo humano do exercício árduo, visceral, perigoso do pensamento; foge-se da exatidão tão rara, de sua busca, a fim de melhor manobrar as massas. O exercício do pensamento, reservado só a alguns, preservará seu domínio.

Mallarmé, eu me ouvia concluindo...

Foi então que no meio da assistência um homem gritou: *"Mallarmé is a machine gun!"* – Mallarmé é uma metralhadora! E era verdade.

Deixei para ele a última palavra.

Entre esses "jovens", esses habitantes jovens dos bairros que chamamos "difíceis" (mas que são justamente aqueles onde pessoas em grande dificuldade tentam viver), não são nomes de metralhadoras, mas o vazio o que substitui o nome de Mallarmé. O vazio e a ausência de qualquer projeto, de qualquer futuro, de qualquer felicidade pelo menos visualizada, da mínima esperança, mas que determinado saber poderia compensar, suscitando até certo prazer em percorrer esses caminhos que levam ao nome de Mallarmé.

Mas deixemos de sonhos!

Entretanto, o único luxo desses jovens, moças e rapazes, não é justamente esse tempo livre que poderia permitir, entre outras coisas, incursões nessas regiões efervescentes? Mas que não permite nada, porque eles estão amarrados dentro de um sistema rígido, vetusto, que lhes impõe exatamente o que lhes recusa: uma vida ligada ao salário e dependente dele. Aquilo que se costuma chamar uma vida "útil". A única vida homologada, mas que eles não seguirão, já que é cada vez menos viável para os outros, e totalmente para eles. A fantasia, entretanto, os encerra numa existência regida pela vacuidade que sua ausência suscita.

Eis aí algo que pesa, que pesa demais para a magreza sombria dos subúrbios.

No outro extremo existe aquele mundo pululante, efervescente, deleitável, mas depreciado, talvez até em vias de desaparecimento também (é bem verdade que sempre esteve, essa é uma de suas características), não o mundo do *jet-set*, mas um mundo de procura, de pensamento, de alegria, de fervor. O mundo do... intelecto, termo rejeitado com um desprezo deliberado, orquestrado, encorajado pela sociedade – ver as piscadelas cúmplices dos poucos imbecis que, pronunciando-o como um insulto, preveem conivências complacentes e zombarias logo despertadas. Isso não tem nada de inocente.

Mundo do intelecto para o qual muitos desses jovens desocupados, assim como outros, estariam disponíveis, se possuíssem as chaves. A bem da verdade, eles estão até mais disponíveis que outros, porque dispõem de mais tempo, desse tempo que poderia ser livre mas que se torna tempo vacante, de um vazio mortal, tempo de vergonha e de perdição, venenoso, quando na realidade é o mais precioso dos materiais, quando a partir dele essas vidas poderiam ser vividas a pleno vapor.

Mas supor isso, imaginar isso como possível seria considerado, a justo título, o cúmulo do absurdo. Tanto que a escolaridade mais elementar já é muito mal vivida por esses "jovens" tão marginais (ou marginalizados), a tal ponto que pouco nos arriscamos em seus territórios cujos códigos ignoramos, enquanto eles também não penetram na maior parte dos nossos.

Essas zonas e seus habitantes são implícita mas severamente mantidos à parte, e aí permanecem. Embora invisível, intangível, nem por isso o muro é menos efetivo.

Por acaso os habitantes de outros bairros vêm perambular nesses subúrbios tão próximos, tangentes às cidades de que estão separados? Não, porque eles são considerados, muitas vezes com razão, perigosos. Mas será que se imagina que seus ocupantes já foram, eles próprios, empurrados para o meio daquele perigo que cada um teme: a exclusão social permanente, absoluta, a ponto de ser banalizada?

E por acaso esses suburbanos são vistos com frequência perambulando em outro lugar fora de seu meio ou em lugares análogos aos seus? O que é que eles compartilham conosco, com os outros, a não ser a televisão, às vezes o metrô, a publicidade e a ANPE? Será que os vemos em outros lugares a não ser na televisão, no seu próprio zoológico, durante programas com ressonâncias etnológicas ou folclóricas, ou então no nosso próprio zoológico, durante algumas incursões movimentadas que eles fazem, justamente como guerreiros saídos de suas fronteiras?

Essas fronteiras, quem as instaurou? Será que esses "jovens" preferem realmente seus colégios técnicos aos liceus dos bairros ricos? Seus espaços desérticos a regiões favorecidas? São eles compostos de uma substância que os proíbe? Ou será que se trata simplesmente de pobreza?

Único grupo social a ligá-los a uma sociedade que, evidentemente, não é a sua: a polícia. Mas, nesse caso, trata-se de uma relação tão íntima, em que o jogo, geralmente trágico de um dos dois lados, responde de tal modo ao jogo, previsível, do outro, inscreve-se de tal modo na mesma rotina, nas mesmas brutalidades, nas mesmas armadilhas, que esses rituais parecem quase de ordem incestuosa!

Único ambiente institucional organizado quase exclusivamente em seu benefício, segundo concepções estreitamente ligadas ao seu futuro, adequadas a seus destinos: a prisão.

Existe outro terreno, entretanto, onde esses "jovens" encontram o outro lado em campo fechado: a escola. Aqui eles são confrontados diretamente, em geral pela primeira vez – que às vezes será a última – com aqueles que os excluem. Face a face, num mesmo território, numa relação íntima, cotidiana, oficialmente obrigatória. E é justamente nesse ponto que, manifestamente, na maioria das vezes eles não se encontrarão.

Por uma razão principal: sejam quais forem suas situações financeiras, suas condições sociais ou suas motivações, os professores provêm do lado privilegiado do muro, e os deixarão sempre do outro.

Seja qual for seu valor e sua necessidade, tanto os docentes como a instituição escolar estão ligados àqueles que excluem, que humilham, que abandonaram os pais (portanto, seus filhos) em becos esquecidos, deixando-os fora da vida por toda a vida. Eles são os delegados de uma nação que de hábito trata como escravos, como intocáveis, esses alunos e suas famílias – sejam eles cidadãos ou não. E, mesmo que seja injusto, isso pode parecer a intrusão do inimigo na praça, a violação de um território geralmente tão abandonado.

Seja qual for o bom fundamento dessa irrupção, último vestígio de promessas que se apagam, último esforço de democracia, último signo indispensável de uma partilha, de um desejo pelo menos de igualdade, último índice de um direito cujo valor, mesmo que simbólico, é insubstituível – essa irrupção, vivida por crianças previamente sacrificadas, pode parecer uma provocação. E, seja qual for a atitude e o sentimento dos professores, ela se coloca no prolongamento de um desprezo geral e se desenvolve nos próprios terrenos em que esse desprezo se inscreve melhor, nos próprios terrenos que exibem suas consequências.

O ensino? Para esses alunos, poderia tratar-se de uma doação, de uma distribuição do que existe de melhor, de uma porção mágica autorizada, mas também de um único e último recurso. Um mínimo muito restrito lhes é proposto, interrompido o mais cedo possível. E essa noção de "última chance", que sublinha sua miséria e o perigo que os ameaça, suscita, tanto nos professores como nos alunos, uma angústia insidiosa que exaspera as tensões.

Exacerba-se também a nostalgia dos valores do outro lado, agitados, tentadores, mas que permanecem sempre tão distantes, sempre tão inacessíveis. Proibidos, na verdade. E tanto mais quanto já não são válidos, apesar das aparências. São propostos do mesmo modo como se oferecia a Alice, no seu país de maravilhas maléficas, pratos suculentos mas fugazes, retirados antes que ela pudesse se servir. Essa promessa fingida de algo que jamais se degustará suscita outra metáfora: a do ferro remexido na ferida.

Inculcar em garotos os rudimentos de uma vida que já é proibida, que lhes é de antemão confiscada (e que, aliás, já não é mais viável), não poderia ser considerado uma brincadeira de mau gosto, uma afronta suplementar?

Como convencê-los de que se trata de um último esforço republicano? De uma última esperança para a sociedade que zomba deles, sim, para ela também? Sobretudo para ela! Como fazê-los entender que ela, como eles, está presa nas malhas de uma rede, em "histórias" fictícias, trucadas, que lhe mascaram sua história?

Mas não é exatamente isso, afinal, que seria preciso ensinar?

Ora, ocorre que em face dessas "histórias", ou desse momento importante da história (da qual alguns querem nos convencer de que chegou ao fim e que, sobre ela, não há mais nada a dizer, já que nada mais se diz), os garotos desses lugares perdidos estão na vanguarda de nosso tempo. A sociedade hoje é regressiva. Eles não. Ela é cega à sua própria história, que se organiza sem ela e a elimina. Ora, essas crianças situam-se na ponta dessa história. Elas *já* estão colocadas fora de atividade, e vivem menos rejeitadas por uma sociedade em fim de carreira, e que pretende perdurar, do que avançadas em relação a ela. Elas representam, provavelmente, as amostras daquilo que espera a maioria dos terráqueos, se eles não despertarem; se não pensarem em organizar-se dentro de uma civilização reconhecida, admitida como diferente, desenraizada, em vez de aceitar viver humilhados, cobertos de vergonha, segundo os termos de uma era desaparecida, repelidos, passivos, antes talvez de perecer, livrando assim os partidários da nova era de suas presenças supérfluas.

Essas crianças, esses precursores, nós nem sequer tentamos, nem sequer nos demos ao trabalho de trapacear com eles, de enganá-los, enquanto o menor desses pequenos excluídos, por estar inscrito naquilo que devemos chamar nossa... modernidade, por suportá-la na sua crueza, por não resignar-se como os adultos, pressente o que a maioria, em outros lugares, ignora ou prefere ignorar.

Por instinto, como já não teria ele a intuição do absurdo que há em querer condicioná-lo a um programa que o exclui? Um programa imperturbável, dado como exemplar, que tenta se inserir dentro de desperdícios que ele não percebe, e que derivam dele. Um programa no qual a exclusão não é mencionada, no qual não se trata de substituí-la, mas sim de justificar o sistema que a estabelece ou, pelo menos, a consente. Um programa instituído por e para uma sociedade que parece em grande parte julgar lógica, desejável e até insuficiente a exclusão desses "jovens" e de seus familiares. Um programa no qual os jovens, supostamente integrados, podem ter a impressão de estar tacitamente reservados aos papéis de párias.

Será que é encorajador ver pessoas da mesma zona (as classes sociais hoje são pensadas em termos de zonas), os amigos, às vezes a própria família, muitas vezes vizinhos, expulsos em voos fretados ou ameaçados de expulsão, reprovados por toda uma sociedade ainda incapaz de perceber que ela própria se torna "globalmente" supérflua, implicitamente indesejável?

Porque é possível ser emigrado, imigrado *no próprio lugar*, ser exilado, pela pobreza, em seu próprio país. Mas as exclusões mais oficiais têm uma virtude certa: persuadem aqueles que elas poupam de que eles, pelo contrário, são incluídos. Estatuto fictício ao qual se agarram.

O que os "jovens" desses bairros parecem pressentir é que a educação lhes é transmitida por pessoas que são, elas próprias, roubadas. Pessoas em má posição. Uma educação afinal perversa, já que indica perspectivas que lhes são (e lhes serão) totalmente fechadas e, o que é talvez pior, que se fecham (e se fecharão) também para aqueles que as ensinam.

E isso, mais uma vez, não é ensinado!

Também não se ensina a sórdida aspereza dos guetos de miséria nos Estados Unidos, a agitação dos cortiços de Manilha, das favelas do Rio, de tantos outros lugares. Essa geografia é ignorada. A lista infernal dos famintos da África, da América do Sul e de outros lugares. Essa desgraça cada vez mais sofrida por um ser consciente que não foi feito para se tornar um miserável, um faminto, uma vítima, mesmo que fosse esse seu destino. Seria preciso, afinal, compreender que esses milhões de escândalos são vividos um por um, que eles devoram de uma vez uma vida inteira, única, aquela mesma entidade preciosa, indecifrável, que se desenvolve e que perece, do berço à sepultura, em cada um de nós. Esse horror disseminado em outros corpos que não os nossos, mas em sincronia conosco, nós não o "conhecemos", mas o "sabemos". E sabemos que ele vive também entre nós, à nossa porta, menos brutal que em outros continentes, mas certamente mais solitário, mais humilhado, mais acusado pela opinião pública porque aqui ele não é o apanágio de todos. Mais ridicularizado; em suma, mais ferido pela nação que o "abriga". Tão mal.

Isso, as crianças excluídas, essas crianças excluídas, talvez tenham de nos ensinar que nós já o sabemos.

Não há dúvida de que a escolaridade representa, em teoria, uma arma contra o excesso, a injustiça, um último recurso contra a rejeição. Mas como o estudante integraria isso? Por acaso lhe deram os meios? Algumas provas? Tanto mais que, para ele, assim como para os alunos de qualquer idade e de qualquer origem, o acesso ao saber tem um aspecto austero, geralmente rebarbativo; reclama esforços que valem a pena serem tentados para iniciar-se numa sociedade – mas para iniciar-se na sua rejeição?

Esses jovens conhecem os bastidores dessa sociedade que é dada como modelo pelo ensino que dela provém; não os bastidores do poder, mas os de seus resultados. O que geralmente lhes é ocultado, mascarado, é familiar para eles. Através das desordens e das carências de suas vidas cotidianas, será que eles não identificam inconscientemente aquelas trincas irreversíveis que precedem o desmoronamento?

Eles são jogados à beira da estrada, mas por essa mesma estrada já se passa cada vez menos, enquanto vêm juntar-se a eles e encalhar com eles cada vez mais outros habitantes do planeta, de todas as classes e de todos os horizontes.

Uma estrada que já não leva mais aos mesmos lugares. Para onde leva então? Ninguém o sabe. Os que poderiam saber, os promotores da nova civilização, também não passam mais por ela. Eles residem e circulam em outro lugar, e essa paisagem não lhes interessa; já faz parte de um passado destinado ao folclore ou ao esquecimento.

Por instinto, as crianças certamente adivinham que fazer de conta ou mandar ensinar que é atual algo que é cruelmente anacrônico representa um dos únicos meios – o melhor meio – de persuadir a si mesmo; de continuar a viver segundo o que não existe mais, de homologá-lo, fazendo perdurar assim ilusões geradoras de mal-entendidos funestos e sofrimentos estéreis.

Encontramos aqui a impostura geral que impõe os sistemas fantasmas de uma sociedade desaparecida e que mostra a extinção do trabalho como um simples eclipse. De que serve, então, insistir sobre os problemas dos subúrbios? Eles representam apenas os sintomas extremos daquilo que se produz em todos os níveis de nossas sociedades, mas segundo ritmos e modos um pouco diferentes e... diferidos. Por toda parte, ressentem-se a divergência, o hiato, a distância entre o mundo preconizado, codificado, que o ensino propõe, e o mundo que ele visa, onde é ensinado, mas onde não consegue mais preservar seu sentido. Preservar *algum* sentido.

A diversidade das disciplinas, seus conteúdos não são postos em questão aqui, ao contrário. Já que o caminho dos empregos se fecha, o ensino poderia pelo menos adotar como meta oferecer a essas gerações marginais uma cultura que desse sentido à sua presença no mundo, à simples presença humana, permitindo-lhes adquirir uma visão geral das possibilidades reservadas aos seres humanos, uma abertura sobre os campos de seus conhecimentos. E, a partir daí, razões de viver, caminhos a abrir, um sentido para seu dinamismo imanente.

Mas, em vez de preparar as novas gerações para um modo de vida que não passaria mais pelo emprego (que se tornou praticamente inacessível), há um esforço contrário para fazê-las entrar nesse lugar obstruído que as recusa, tendo como resultado convertê-las em excluídas daquilo que nem sequer existe mais. Em infelizes.

A pretexto de visar um futuro que só era acessível num contexto extinto, teima-se em desprezar, em rejeitar aquilo que, nos programas, não lhe era consagrado, mas em conservar o que se imagina necessário para chegar a um futuro já desaparecido. Como o futuro previsto não acontecerá, só se vislumbra o futuro de ser privado dele. Como esses jovens não têm nada, tiram tudo deles, em primeiro lugar o que parece gratuito, de um luxo inútil, o que é ligado ao cultural: aquilo que permanece do domínio humano, o único para o qual esses grupos em número incomensurável, banidos do mundo econômico, ainda têm vocação.

A tendência, pelo contrário, é considerar que eles não são bem preparados – não diretamente – para entrar em empresas que não querem saber deles, às quais eles não são necessários, mas para as quais se quer "formá-los", e para nada mais. Insiste-se (pelo menos julga-se que seria necessário) na obsessão de ir ao que é mais "realista"; na verdade, ao que é mais "sonhado", mais fictício. Fixa-se um único objetivo e censura-se quando não se consegue mantê-lo: inscrever o mais cedo possível os alunos num mundo do salário que não existe mais. Julga-se que seria necessário aliviar pouco a pouco as matérias, os circuitos que não parecem fazer que alunos do curso primário, ginasial, colegial, universitário caiam diretamente num emprego. Recomenda-se visar, de maneira cada vez mais exclusiva, uma "inserção profissional" que, bem entendido, não ocorrerá. A isso se chama ser "concreto".

Quanto às bijuterias sem futuro, fora com essas fantasias incongruentes! Alguns jovens (sem aspas), de famílias respeitáveis, serão iniciados no pensamento; serão chamados a conhecer e admirar as obras artísticas, literárias, científicas e outras, que entram na categoria bastante aceitável; em suma, dos "fornecedores" de suas famílias. Alguns deles se juntarão a esses grupos um tanto irresponsáveis, socialmente dignos, entretanto, e até mesmo lisonjeiros, às vezes. Ou – em pequena dose – rentáveis. Por acaso eles não têm seus mercados?

Mas, observarão muito sabiamente algumas almas sonhadoras, essas coisas certamente supérfluas, de que serve ensiná-las também a pessoas inúteis? Será razoável economicamente?

E por que dar-lhes os meios de acordar para a sua situação, para sofrer ainda mais, para criticá-la, quando eles estão tão tranquilos? Melhor seria encaixá-los antes, afundá-los ainda mais na sua condição de "procuradores de empregos", que os manterá bem-comportados por um bom lapso de tempo. "Postos de lado": a expressão é de Van Gogh. Como também aquela outra, na qual se vê que ele tinha compreendido tudo, e esses jovens podem tirar daí uma lição: "É melhor que eu seja como não sendo".

Se, para "ser" (ou para ser "como não sendo"), nem todos podem tornar-se pintor, menos ainda aquele pintor, e muitos se tornam "zoneiros", "delinquentes", isso será apenas mais uma prova de sua má natureza.

De passagem, já que, apesar de tudo, eles estão aí, por que não aproveitar a conjuntura para obter alguns aprendizes, alguns empregados às vezes ainda necessários, fornecidos, formados à custa do Estado, para pronta entrega? Seria um erro privar-se deles. Dito e feito. Notáveis iniciativas. Chovem os CESs, os CISs, as isenções de taxas, as subvenções, entre outras pequenas atenções em favor das "forças vivas", colocando-as em condições de estender seus benefícios e fazer irradiar o brilho do seu amor ao próximo.

Nossos sistemas, afirmam eles, pretendem ser, em grande parte, baseados nesse amor irreprimível daqueles que tomam decisões pelos seus supostos próximos, na falta de... semelhantes! Assim, eles conjuram a empresa a chamar-se "cidadã", e a "empresa cidadã", uma vez proclamada como tal, a mostrar-se efetivamente cívica. Eles não obrigam, eles convidam, certos de suas felizes tendências. Assim solicitada, e uma vez esclarecida sobre o que é o bem e o que é o mal, como imaginar um só instante que ela não opte pelo bem?

Saudemos de passagem o sistema: "empresa cidadã" – nenhum surrealista teria ousado inventá-la!

Todavia, "cidadã" ou convidada a tornar-se, e com suposta tendência para o bem, à empresa oferecem-se mil subvenções, isenções de taxas, possibilidades de contratos vantajosos, a fim de que ela ofereça empregos. E que não se desloque para outro lugar. Benevolente, ela aceita. Não emprega ninguém. Desloca-se ou ameaça fazê-lo se tudo não correr conforme sua vontade. Cresce o desemprego. Começa tudo de novo.

Mas em nome de quê, meu Deus do céu, o país inteiro acreditou e os outros países, e os partidos de esquerda em primeiro lugar, e durante anos, acreditaram que a prosperidade das empresas seria equivalente à da sociedade, que o crescimento criaria empregos? E ainda acreditam, esforçam-se para acreditar, ou pelo menos pretendem! Nós já observávamos em 1980: "Os partidos operários exigem o financiamento pelo Estado de empresas privadas que poderão continuar a explorá-los em benefício de seus lucros e produzirão, alternadamente, emprego e desemprego, conforme as fatalidades do dia, as cotações da Bolsa, a moda das crises e as crises da moda".[1]

Sempre foi previsível que o "auxílio à empresa" não criaria empregos, pelo menos não nas proporções profetizadas; nem de longe. Há dez ou 15 anos, afirmar isso teria sido audacioso, ainda tínhamos poucas provas. Hoje tornou-se uma evidência. Nem por isso se deixou de fazê-lo!

Ninguém parece perguntar-se por qual operação miraculosa a miséria causada pelo desemprego se traduz em vantagens concedidas às empresas sem qualquer resultado, já que estas, por sua vez, choram miséria, enquanto o mundo econômico em seu conjunto vai muito bem. E melhor ainda é ser solicitada dessa maneira, bajulada, considerada capaz dessa indulgente bondade que se espera dela e que consistiria em dar emprego com os fundos que lhe são generosamente atribuídos para isso, enquanto o desemprego se expande.[2]

Mas por que encarregar as empresas de um fardo moral para o qual elas não têm vocação? Caberia aos poderes políticos obrigá-las a isso. "Rogar" para que o façam não produz qualquer resultado: apenas alguns gestos que dão uma garantia muito vaga ao público. Os governos que sussurram suas tímidas sugestões não ignoram que, respondendo favoravelmente, elas seriam desleais a seus próprios interesses, que são toda a sua razão de ser e o fundamento de sua deontologia.

---

1 FORRESTER, op.cit., 1980.

2 Em 1958, a França tinha 25 mil desempregados. Hoje, em 1996, tem quase 3,5 milhões. Não se trata de um privilégio francês, longe disso. O fenômeno é planetário. Existem cerca de 120 milhões de desempregados no mundo, 35 milhões dos quais nos países industrializados: 18 milhões na Europa (Fonte: HASSOUN & REY, 1995).

Por quê, sobretudo, não enfrentar esta realidade: as empresas não dão emprego pela simples e excelente razão de que elas não têm necessidade. É essa situação que é preciso enfrentar, ou seja, uma simples metamorfose. O que há de mais impressionante, de mais... terrível e que exige, para ser enfrentado, um grau de imaginação sobre-humano? Quem terá a coragem? O gênio?

Enquanto isso, as empresas beneficiárias continuam a livrar-se, em massa, de seus efetivos, o que é considerado moeda corrente. As "reestruturações" são abundantes, com ressonâncias vigorosas e construtivas, mas compreendendo primeiramente aqueles famosos "planos sociais", quer dizer, aquelas demissões programadas que hoje alicerçam a economia; por que se escandalizar a pretexto de que elas, na verdade, desestruturam vidas e famílias inteiras, e anulam qualquer sabedoria política ou econômica? Seria preciso denunciar também todos esses termos hipócritas, infames? Publicar um dicionário deles?

Repita-se: a vocação das empresas não é serem caridosas. A perversidade consiste em apresentá-las como aquelas "forças vivas" que seguiriam mais propriamente imperativos morais, sociais, abertos para o bem-estar geral, quando elas têm de seguir um dever, uma ética, não há dúvida, mas que lhe pedem para produzir lucro, o que em si é totalmente lícito, juridicamente sem mácula. Sim, mas em nossos dias, com ou sem razão, o emprego representa um fator negativo, de alto preço, inutilizável, nocivo ao lucro! Nefasto.

Há quem nos mostre as "criações de riquezas" como as únicas capazes de mobilizar as "forças vivas", e essas forças vivas como as únicas capazes de suscitar, graças a essas riquezas, um crescimento que se traduziria imediatamente em empregos. Como se pudéssemos ignorar que vivemos numa época em que essa função, outrora assumida pelo trabalho, então indispensável, não tem mais razão de ser desde que este se tornou supérfluo.

O emprego tão decantado, invocado, embalado por tantos encantos é considerado por aqueles que poderiam distribuí-lo um fator arcaico, praticamente inútil, fonte de prejuízos, de déficits financeiros. A supressão de empregos tornou-se um dos modos de administração mais em voga, a variável de ajuste mais segura, uma fonte prioritária de economias, um agente essencial do lucro.

Quando se levará isso em conta, não para indignar-se ou opor-se, mas para perceber sua lógica? E, já que não existe a capacidade nem a vontade de ir contra ela, para deixar pelo menos de ser enganado e de fazer o jogo das propagandas políticas que embalam promessas que jamais são gratuitas, ou dos interesses econômicos que sempre encontrarão algumas vantagens a tirar dessas situações, enquanto elas não forem bem esclarecidas? E para encontrar outros caminhos. Para abandonar os caminhos perigosos para os quais estão nos dirigindo e nos quais, aliás, nós teimamos em permanecer.

Por quanto tempo ainda aqueles que estão acordados vão fazer de conta que estão dormindo?

Quando perceberemos, por exemplo, que as "riquezas" já não se "criam" tanto a partir de "criações" de bens materiais, mas a partir de especulações totalmente abstratas, sem vínculos – ou muito fracos – com investimentos produtivos? As "riquezas" colocadas na vitrine, em grande parte, são apenas vagas entidades que servem de pretexto ao desenvolvimento de "produtos derivados", que já não têm grande relação com elas.

"Produtos derivados" que hoje invadem a economia, reduzindo-a a jogos de cassino, a práticas de *bookmakers*. Os mercados dos produtos derivados são hoje mais importantes que os mercados clássicos. Ora, essa nova forma de economia não mais investe, ela aposta. Ela pertence à ordem da aposta, mas de apostas sem prêmios reais, em que não se joga mais tanto com valores materiais ou mesmo com intercâmbios financeiros mais simbólicos (mas ainda indexados na fonte, mesmo distante, sobre ativos reais) do que com valores virtuais inventados com o fim único de alimentar seus próprios jogos. Ela consiste em apostas engajadas sobre os avatares de negócios que ainda não existem, que talvez nem venham a existir. E, a partir daí, com relação a eles, sobre jogos em torno de títulos, de dívidas, de taxas de juros e de câmbio, já destituídos de qualquer sentido, referentes a projeções puramente arbitrárias, próximas da fantasia mais desenfreada e de profecias de ordem parapsicológica. Ela consiste, sobretudo, em apostas sobre os resultados de todas essas apostas. Depois, sobre os resultados das apostas feitas sobre esses resultados etc.

Todo um tráfico no qual se compra e se vende o que não existe; um intercâmbio não de ativos reais nem mesmo de símbolos baseados nesses ativos, mas no qual se compram, no qual se vendem, por exemplo, os riscos assumidos por contratos a médio ou a longo prazo e ainda por concluir, ou que são apenas imaginados; no qual são cedidas dívidas que serão, por sua vez, negociadas, revendidas, resgatadas sem limites; no qual se fecham, em geral amigavelmente, contratos recheados de vento, sobre valores virtuais ainda não criados, mas já garantidos, que suscitarão outros contratos, também fechados amigavelmente, referentes à negociação desses contratos! O mercado de riscos e de dívidas permite dedicar-se com toda a falsa segurança a essas pequenas loucuras.

Negociam-se sem fim essas garantias sobre o virtual, trafica-se em torno dessas negociações. Tantos negócios imaginários, especulações que têm como sujeito e objeto elas mesmas e que formam um imenso mercado artificial, acrobático, baseado sobre nada, a não ser sobre ele mesmo, distante de qualquer realidade, a não ser a sua, em círculo fechado, fictícia, imaginada e incessantemente complicada com hipóteses desenfreadas a partir das quais se extrapola. Especula-se infinitamente, de forma abissal, sobre a própria especulação. E sobre a especulação das especulações. Um mercado inconsistente, ilusório, baseado em simulacros, mas arraigado, delirante, alucinado a ponto de ser poético.

"Opções sobre opções sobre opções", dizia rindo uma noite destas, no canal de televisão Arte,[3] o ex-chanceler Helmut Schmidt, embora parecesse assustado por garotos

3 8 de abril de 1996.

travessos. Ele confirmava que nesses mercados surrealistas se fazem "cem vezes mais intercâmbios" do que nos outros.

Assim, aquela famosa economia de mercado considerada fundamental, séria, responsável pelas populações, uma potência em si – *a* potência, na verdade –, é colocada em dependência, presa na febre, pode-se dizer na droga das negociações, das manipulações em torno de suas próprias traficâncias, que desembocam, aliás, em lucros gigantescos, rápidos, brutais, mas que parecem quase secundários em relação à embriaguez operacional, ao prazer maníaco, ao poder demente, inédito, que eles suscitam.

Esse é o sentido que assumem as "criações de riquezas": tornam-se os pretextos distantes, cada vez mais evanescentes, supérfluos também, para essas operações obsessivas, para essas danças de São Guido de que dependem cada vez mais o planeta e a vida de cada um.

Esses mercados não desembocam em nenhuma "criação de riquezas", em nenhuma produção real. Não necessitam sequer de endereços imobiliários. Não utilizam pessoal, já que bastam alguns telefones e computadores para atingir mercados virtuais. Ora, nesses mercados, que não implicam o trabalho de outras pessoas, que não são produtores de bens reais, as empresas (entre outros) investem, cada vez com mais frequência e cada vez mais, parcelas de seus ganhos, já que o lucro aqui é mais rápido, mais importante que em outros lugares, e é para permitir tais jogos neofinanceiros, muito mais rentáveis, que chegam muitas vezes as subvenções, as vantagens concedidas a fim de que essas mesmas empresas criem empregos!

Nesse contexto, criar empregos a partir das "criações de riquezas" seria humanitário, já que o crescimento (só do lucro, na verdade) não resulta no desenvolvimento e nem mesmo na exploração de produtos terrestres, mas sim nessas estranhas estagnações oníricas, mas não certamente, não absolutamente na necessidade de um labor humano, *a fortiori* de um labor aumentado. Em compensação, ele representa geralmente a oportunidade de instalar ou de aperfeiçoar sistemas tecnológicos e a robotização que, pelo contrário, são capazes de reduzir o potencial humano e, portanto, economizar o custo salarial.

Sabemos que empresas em pleno vigor, rentáveis, praticam demissões em massa. Nada é mais vantajoso, segundo os especialistas. Tanto que não deixam de conceder-lhes "auxílios ao emprego", sem pedir-lhes contas, sem obrigá-las a dar empregos como estava previsto. Apenas lhes insinuam (com o sucesso que se imagina) que não utilizem essas doações incondicionais para fins mais vantajosos. O que acham que elas fazem?

Surpreendemo-nos aqui a jogar com pensamentos culpados: e se o crescimento, longe de ser criador de empregos, criasse, pelo contrário, a sua supressão, da qual ele geralmente deriva? Será que a incapacidade flagrante de administrar a economia social não permite, pelo contrário, uma administração mais racional dos mercados financeiros?

É assim que se podia ler, um dia destes: "Convencer as empresas a participar do 'esforço nacional para o emprego' é uma coisa, mas desencorajar os planos de reestruturação é outra coisa. *Embora amplamente rentáveis em 1995*, alguns florões da indústria, como Renault, IBM, GEC-Alsthom, Total ou Danone, planejaram sérias reduções de pessoal para 1996... Sem contar os planos sociais que estão adormecidos". Em que jornal sindical ou de esquerda encontramos essas palavras subversivas? Pois é... no *Paris Match*![4]

No fim dos anos 70 e durante os 80 – mas isso continua –, a empresa era tão sacralizada que, para preservá-la ou levá-la a se tornar cada vez mais florescente, valiam todos os sacrifícios. Ela chegava ao ponto de explicar pedantemente que, a fim de evitar o desemprego, era necessário demitir. Como, então, não encorajá-la, e com emoção?

Hoje, sempre pronta a sacrificar-se, ela faz algo melhor: ela "corta as gorduras" (*dégraisse*). Essa expressão, cuja elegância deve ser apreciada, significa suprimir a má gordura supostamente representada por homens e mulheres que

4 21 de março de 1996 (o grifo é nosso).

trabalham. Oh, a questão não é suprimir a eles: fazer sabão com a gordura, fazer abajur com a pele, seria de mau gosto, fora de moda, em desacordo com a onda atual; só se suprime o seu trabalho, o que afinal os coloca dentro da nova moda. Desempregados? É preciso saber acompanhar a época.

Saber, sobretudo, assumir suas responsabilidades. "Cortar as gorduras", economizar sobre o custo do emprego, representa um dos melhores fatores de economia. Num mesmo discurso, quantos homens políticos, quantos dirigentes de empresas juram criar empregos e se gabam de reduzir efetivos!

Durante uma mesa-redonda reunida dentro do recinto do Senado,[5] Loïc Le Floch-Prigent[6] desejava, a esse propósito, que, dentro das empresas, se deixasse "de valorizar as diminuições de emprego", considerando – e demonstrando – que se trata de coisa corrente, de processo rotineiro.

O não trabalho dos não assalariados representa, na verdade, uma mais-valia para as empresas; portanto, uma contribuição para as célebres "criações de riquezas", uma espécie de ganho para quem não emprega ou, sobretudo, para quem não emprega mais. Não seria justo que revertesse aos não empregados uma parte do lucro gerado por sua ausência, uma parte dos benefícios conseguidos por não empregá-los?

Mas essas economias sobre o custo do trabalho não deveriam elas resultar em maiores possibilidades de favorecer algumas das inevitáveis "criações de riquezas" que, como se sabe, são dispensadoras de empregos? Observar que as riquezas assim criadas só têm por efeito aumentar algumas fortunas seria realmente mesquinho.

Entretanto, os dirigentes de empresas, os homens que tomam decisões, são tão generosos! Vamos aproveitar a lição, vamos ouvir um deles falando pelo rádio:[7] as empresas, segundo entrevistado, têm uma missão à qual é preciso dar

---

5 Senado, "Salão do livro polico", 13 de abril de 1996.

6 Na época, PDG da SNCF.

7 Radio France-Culture, entrevista com D. Jamet, J. Bousquet, agosto de 1996.

um sentido, que será, anuncia, o "sentido do humano". Nada de surpreendente: a empresa é "cidadã", ele confirma; sua única lei: o "civismo". Ela trava uma guerra econômica, e é "uma guerra pelo emprego". Ele observa, entretanto, que "uma sociedade só pode distribuir as riquezas que produz". (O ouvinte imagina então que ela pode também não distribuí-las!) Nosso humanista observa, no entanto, que existe "uma lógica da rentabilidade que não se deve esquecer". Por isso, "empregar por empregar?". Ei-lo perplexo, dubitativo. Até que enfim decide: "Quando o crescimento permitir o recrutamento". Não diz que grau de crescimento autorizará esse gesto valoroso, mas de repente parece mais alegre, decididamente mais à vontade. Ouvimos, então: "Ganhar mercados, ser mais produtivo"; ele se anima a ponto de dar uma receita: "Aliviar a empresa". Sua voz agora soa alegre, prolixa, ela canta: "Custo horário diminuído... encargos sociais aliviados, proteção social também...".

Ou então, ainda pelo rádio,[8] é o presidente do CNPF, patrono das "forças vivas" deste país, que, a propósito de vantagens recentemente concedidas (ou melhor, oferecidas com entusiasmo) aos seus grupos, sempre com a finalidade de criar empregos, se mostra reticente não em aceitar, coisa que ele e suas ovelhas se apressam em fazer, mas quanto ao que lhes é pedido (ou melhor, timidamente sugerido) em troca. Bastante escandalizado, ele acaba por admitir que, em determinada empresa, graças às subvenções concedidas para criar empregos, *talvez* se possa "fazer o esforço de diminuir um pouco a taxa de demissão anual, que é de 5%"! Aliás, "falar em contrapartida nesse domínio denota uma má compreensão da realidade econômica".[9] Mas, ainda pelo rádio, ele sugere "reduzir as despesas públicas em vez de onerar as empresas, que criam emprego". Ele julga que "não cabe à justiça ocupar-se de demissões... Sobre os reajustes, deixem-nos fazer como nós entendemos". E reconhece, en-

8 RTL (Radio Télévision Luxembourg), 8 de julho de 1995.
9 *Tribune Desfossé*, 30 de maio de 1994.

fim, que existem "momentos políticos em que não é oportuno anunciar planos sociais", ao mesmo tempo que é "necessário cortar as gorduras para adaptar-se à situação mundial". Bem que se desconfiava.

Mas esses impulsos altruístas são eles próprios enquadrados, e até determinados, comandados por organizações mundiais (Banco Mundial, OCDE, FMI, entre outras) com todo o poder sobre a economia planetária, quer dizer, sobre a vida política das nações, em harmonia com as potências econômicas privadas, que, na verdade, estão mais de acordo entre si do que em competição!

Enquanto as nações e suas classes políticas parecem tão aflitas em razão do desemprego e se proclamam vivamente mobilizadas contra ele, obcecadas dia e noite, a OCDE publica um relatório[10] com uma opinião mais... matizada: "Para obter um ajuste determinado de salários, será necessário um nível mais elevado de desemprego conjuntural".

E esclarece, sempre com o mesmo espírito fraternal e amigável, como se fosse a coluna sentimental de um jornal dando a receita para atrair e conservar o homem ou a mulher de sua vida: "A presteza dos trabalhadores em aceitar empregos de baixa remuneração depende em parte da generosidade correspondente do seguro-desemprego ... É necessário, em todos os países, encurtar a duração dos direitos quando for muito longa ou tornar as condições de admissão mais restritas".[11] Assim é que se fala.

As potências econômicas privadas, internacionais, multinacionais, transnacionais não ficam constrangidas com a preocupação de agradar, uma obsessão dos poderes políticos. Aqui não se faz charme, não se lançam olhares sedutores para o eleitor. Nada de papo-furado, de sentimentalismos; nada de maquiagem. Cartas na mesa. Objetivo: ir direto ao

10 OCDE, 1994. Citado por HALIMI, 1994.

11 Banco Mundial, *World Department Report, Workers in an Integrating World*, Oxford University Press, 1995. Citado por DECORNOY, 1995.

essencial. Como administrar o lucro? Como suscitá-lo? Como fazer funcionar a empresa planetária em benefício das "forças vivas" unidas?

Assim, o Banco Mundial vai direto ao fato, sem cerimônias nem circunlóquios: "Uma flexibilidade aumentada do mercado de trabalho – a despeito de sua má reputação, já que a expressão é um eufemismo que remete a reduções de salário e a demissões – é essencial para todas as regiões que empreendem reformas em profundidade". O FMI vai ainda mais longe: "Os governos europeus não devem deixar que os temores suscitados pelas consequências de sua ação sobre a distribuição de renda os impeçam de lançar-se com audácia numa reforma profunda dos mercados de trabalho. A flexibilização destes últimos passa pela mudança do seguro-desemprego, do salário mínimo legal e das disposições que protegem o emprego".[12]

Contra os excluídos, a batalha ruge. Decididamente, eles ocupam muito lugar. Já dizíamos mais atrás: eles ainda não foram excluídos o bastante. Eles irritam.

Mas a OCDE sabe como lidar com essas pessoas que só trabalham pressionadas pela miséria. Seu relatório sobre o emprego e sobre as "estratégias" preconizadas para obter "a presteza dos trabalhadores", como já vimos, é dos mais explícitos. Ademais, "muitos empregos novos são de baixa produtividade ... Eles só são viáveis combinados com um salário muito baixo".[13] Mas isso atua sobre uma gama infinitamente mais ampla de empregos, portanto "uma proporção importante de assalariados ficará sem emprego, a menos que os mercados de trabalho se tornem mais flexíveis, particularmente na Europa". C.Q.D.!

Dito de outro modo, os empregadores (os quais, na verdade, não têm a função de ser "sociais") só concordam em fazer alguns esforços preguiçosos para contratar ou para não

---

12 *Boletim do FMI*, 23 de maio de 1994, citado por HALIMI, op. cit., 1994.

13 *Boletim da OCDE*, junho de 1994, citado por HALIMI, op. cit., 1994.

demitir trabalhadores se estes estiverem em condições de aceitar qualquer coisa. O que, aliás, não é tão difícil: dado o estado em que já se encontram, e o estado com o qual são ameaçados, eles não estão em condições de "bancar os enjoados".

É normal, portanto, dispor desses desocupados, discutir a respeito deles sem que tenham acesso a essas discussões. Normal ainda que aqueles que detêm a dignidade possam falar em lugar deles, e possam aceitar treiná-los como se fossem animais, com métodos eficazes como o que consiste em inscrevê-los para o seu próprio bem numa "insegurança" metodicamente estudada, deliberadamente organizada, de consequências, todavia, tão dolorosas que podem arruinar vidas, abreviá-las às vezes.

Preocupar-se com eles não é praticar um ato de caridade?

Mas, na verdade, que outra coisa se faz? Cada instante, cada ato, é dedicado a eles. Não existe nada na organização mundial, mundializada, globalizada, desregularizada, desregulamentada, deslocada, flexibilizada, transnacionalizada, que não aja em seu prejuízo. Nada que não milite contra eles.

Não só por essa estranha mania de querer a todo custo colocar a população em empregos inexistentes, e empregos numa sociedade que manifestamente não precisa mais deles. Mas também por recusar-se a procurar outras vias, diferentes daquelas tão claramente obliteradas, extintas, que ainda pretendem levar a esses empregos, mas que são devastadoras.

Mania de obstinar-se em perpetuar a desgraça causada pelos "horrores econômicos" evocados por Rimbaud, e de considerá-los um fenômeno natural, anterior a todos os tempos.

Veja-se a descrição da situação nos Estados Unidos feita por Edmund S. Phelps,[14] economista notório, professor da Universidade de Colúmbia, um moderado que analisa sem paixão as vantagens e os inconvenientes dos diferentes modelos de reações econômicas ao desemprego. Vejam-se

14 *Le Monde*, 12 de março de 1996.

principalmente os benefícios das reestruturações que, graças à "insegurança que ainda pesa sobre os trabalhadores, permitem aos empregadores reduzir seus custos salariais, criar empregos ... particularmente em atividades de serviço {que são} não só mal remuneradas, mas precárias".

Veja-se também, descrito por Phelps, o homem ideal com que sonha a OCDE: "O assalariado americano que perde seu emprego deve imperativamente encontrar outro o mais rapidamente possível. As parcelas de seguro-desemprego representam uma parte muito pequena de seu salário original. Elas só lhe serão pagas durante seis meses, no máximo. Não serão completadas por nenhum outro auxílio social (para moradia, educação...). Logo, ele se vê nu e vivendo apenas com seus próprios meios". (Quais, pergunta-se!) "Rapidamente, ele precisa encontrar e aceitar um emprego, mesmo que este não corresponda ao que procura." O problema é que "para os trabalhadores sem qualificação, é geralmente difícil encontrar um emprego, mesmo muito mal remunerado".

O que Phelps mais deplora é que "esses desempregados enveredam então para atividades anexas: pedir esmola, comércio de drogas, venda de pequenos objetos nas ruas. A criminalidade aumenta. De certa maneira, por meio dessas redes, eles criaram seu próprio 'Estado-providência'". Isso provoca nítida desordem, o que impede Phelps de condenar o sistema de proteção social europeu, cuja vantagem, segundo ele, é evitar o grau de delinquência criado por sua ausência nos Estados Unidos, mas cuja desvantagem é que ele tenderia "a reduzir o estímulo a procurar um emprego".

Lá vamos nós de novo. Entretanto (e o assalariado americano, "nu" e "estimulado" a morrer, sabe disso muito bem), Phelps não ignora que não existe mais uma pletora, uma profusão de empregos, e que a pior miséria, a busca mais feroz não bastam para conseguir o menor quarto de hora laborioso. Que o desemprego é endêmico, permanente. Que ser "estimulado" a procurar trabalho significa quase sempre não encontrar. Que essa procura desesperante e desesperada, inúmeros desempregados a ela se dedicam com todo o seu custo financeiro em selos, chamadas telefônicas, transporte, para às vezes nem sequer obter resposta. Aliás, dada a evolução demográfica, para estabelecer ou restabelecer uma situação decente neste planeta, seria necessário criar um bilhão de empregos novos nos próximos dez anos, enquanto o emprego está desaparecendo! Phelps deve saber que o problema não é estimular a procura de um emprego, mas permitir que se encontre, sendo esse o único esquema que permite sobreviver. Será que ele pensou nessa alternativa: mudar o esquema?

Ele sabe muito bem que não são os "procuradores" de empregos que faltam: são os empregos!

Mas, "procurar emprego" parece pertencer ao domínio das ocupações piedosas! Pois, pelo que se sabe, a procura de empregos não cria esses empregos! Com todos os "estimulados" que se dedicam a essa procura, com todos aqueles que, durante tantas buscas inúteis, sonham com um trabalho como se fosse o Santo Graal, nós ficaríamos sabendo! Com todos aqueles que aceitam esses quebra-galhos quase sempre precários que os levam logo a retomar aquela procura tão recomendada – pequenos serviços, ocupações temporárias, estágios e outros simulacros de trabalho em que são quase sempre explorados –, com todos aqueles que desanimam por nada encontrar, se a demanda "estimulasse" empregos, algum eco chegaria até nós!

Mas será que é realmente a procurar esses empregos inexistentes que todos são "estimulados"? Será realmente esse o objetivo? Não seria mais precisamente conseguir, para o pouco trabalho que ainda é necessário, um preço ainda mais baixo, mais próximo de nada? E, desse modo, aumentar o insaciável lucro? Não sem sublinhar de passagem a culpa das vítimas que não mendigaram com bastante assiduidade aquilo que lhes é recusado e que, aliás, não existe mais.

Já não era sem tempo! Gary Becker,[15] prêmio Nobel de Economia, nos recrimina, deplorando, indignado, "o caráter generoso das prestações sociais" de "certos governos euro-

15 *Le Monde*, 28 de março de 1996.

peus" que também, "de maneira insensata, aumentaram o salário mínimo para 37 francos por hora". Ele diagnostica aí "uma doença grave", não sem antes nos advertir de que "quando o trabalho é caro e as demissões difíceis, as empresas são reticentes em substituir os trabalhadores que *deixam*[16] a empresa". Já se desconfiava. E começamos a lamentar que Becker não tenha podido encontrar a ama Beppa: não há dúvida de que trocariam ideias frutuosas sobre as "galinhas dos ovos de ouro"!

Na verdade, não é de estímulo a procurar emprego que se trata, mas de estímulo a deixar-se explorar, a considerar-se disposto a tudo para não perecer de miséria, para não cessar de ser um excluído... mas porque se estará definitivamente ejetado da vida. Significa também enfraquecer, aniquilar moralmente (e fisicamente) aqueles que, de outro modo, poderiam tornar-se um perigo para a "coesão social".

Significa, sobretudo, condicionar de antemão ao pior aquelas populações que terão de enfrentá-lo no futuro, a fim de que, então, precisamente, elas não o enfrentem, mas o suportem, já anestesiadas.

Quanto ao lucro, tão determinante, não se fez a ele qual quer menção. É o hábito. É como inverter a questão e fingir interessar-se apenas pela sorte daqueles que, na verdade, não se cessa de explorar, e aos quais resta pedir que isso continue: como entidades exploráveis, eles ainda são tolerados. Se não...

Mas tranquilizemo-nos: eles ainda são exploráveis! Recordemos o modo como Phelps, um moderado, demonstrava que se alguém procurar a todo custo um "emprego" agora inacessível, e se, ao mesmo tempo, além dessa procura penosa, além da falta de recursos, além da perda (ou da ameaça de perda) de um teto, além do tempo gasto em ser

---

16 Grifo nosso. Apreciemos o eufemismo! Por outro lado, o pensamento beckeriano nos deixa particularmente perplexos quando seu detentor declara: "Se o imposto, tal como a morte, é inevitável...". Deixaremos para a psicanálise o cuidado de interpretar essa estranha asserção.

recusado, além do desprezo dos outros e a depreciação de si mesmo, além da vacuidade de um futuro terrível, além da decadência física devida à penúria, à angústia, além do casal, a família fragilizada, geralmente destruída, além do desespero – se, além de tudo isso, alguém ainda for submetido a mais "insegurança", desta vez tecnicamente prevista, achar-se sem ajuda ou (no limite) com uma ajuda calculada para ser insuficiente, pelo menos mais insuficiente ainda, então estará pronto a aceitar, suportar, sujeitar-se a qualquer forma de emprego, a qualquer preço, não importa em que condições. Até mesmo a não encontrar emprego nenhum.

Ora, a única razão que poderia "estimular" seus detentores a conseguir o pouco trabalho de que ainda dispõem é poder conseguir esse trabalho às mesmas tarifas de miséria aceitas por aqueles infelizes oprimidos pela "insegurança". Criar emprego, talvez, mas criar primeiro essa insegurança! Ou, melhor ainda, ir buscá-la onde ela estiver, em certos continentes.

Bem entendido, entre as massas cuja insegurança for friamente projetada, só uma porcentagem mínima de indivíduos será beneficiada com esses empregos mal remunerados que não os tirarão da miséria. Para os outros, só restará a insegurança. Com todo o seu cortejo de humilhações, privações, perigos. A abreviação de algumas vidas.

O lucro, por sua vez, terá lucrado.

Em certos pontos do planeta, o "estímulo" ao trabalho está no auge. Nesses lugares, a penúria, a ausência de qualquer proteção social reduzem o custo da mão de obra e do trabalho a quase nada. Um paraíso para as firmas, ao lado dos paraísos fiscais. Muitas das nossas "forças vivas", esquecendo logo que são forças "da nação", não hesitam em correr para lá, a fim de reabastecer-se.

Daí aquelas mudanças que fazem estragos, retiram brutalmente os empregos dos habitantes de localidades inteiras, arruínam às vezes uma região e empobrecem a nação. A empresa que se muda para outras plagas não pagará mais impostos nos lugares que deixou, e serão o Estado e as coletividades abandonadas que deverão financiar o desemprego que ela criou – quer dizer, financiar as escolhas que ela fez em seu próprio benefício e em detrimento da coletividade! Um financiamento de longo fôlego, porque, para os demitidos que se viram desempregados de maneira arbitrária, não será possível encontrar rapidamente emprego em setores geográficos e profissionais assim sinistrados, e às vezes até nunca encontram.

Quanto às fugas de capitais para fora de qualquer circuito fiscal, estas privarão de recursos as estruturas econômicas e sociais do Estado caloteado. Talvez seja ilusão de óptica, mas tem-se a vaga impressão de que os detentores das "riquezas" evadidas não são outros senão... as admiráveis "forças vivas" da "nação" lesada!

Mas quem realmente fica indignado com isso, a não ser alguns especialistas? A opinião pública preocupa-se mais (e com veemência) com a presença de "estrangeiros" – isto é, com os estrangeiros pobres – que supostamente vêm roubar aqueles empregos inexistentes, explorar os autóctones, esvaziar a previdência social.

Alto lá para os imigrados que entram; bons ventos para os capitais que saem! É mais fácil atacar os fracos que chegam, ou que já estão ali há muito tempo, do que os poderosos que partem!

Não se deve esquecer que esses imigrados, se eles migram para países mais prósperos, esses mesmos países, entre os quais o nosso, também já foram até o país deles e ainda vão, e não apenas por aquelas questões de salários mais baixos. Vão para explorar suas matérias-primas, seus recursos naturais, quando já não estão esgotados. Não dar, não distribuir, é uma coisa, mas roubar, privar, apoderar-se de bens, a pretexto de que somos mais bem qualificados para explorá-los (em benefício de outras regiões), é outra coisa bem diferente.

Nossas "forças vivas", ligadas aos nossos Estados, sempre colonizaram economicamente muitos desses países que as enriqueceram dessa maneira. Os habitantes já pobres, mas ainda mais empobrecidos dessas regiões cujos recursos "tomamos emprestados", desorganizando seus modos específicos de vida econômica, que deixam assim de ser viáveis, emigram para o país daqueles (então indignados) que intervieram, na África, por exemplo, como visitantes bem mais interessados que nossos imigrados. É bem verdade que isso ocorre em níveis ignorados pelo público.

Os poderes e as potências tomam todo o cuidado para não esclarecer nada. Eles atiçam as rejeições, apreciam os ares nebulosos nos quais se tramam as mudanças, as fugas de capitais e outras operações mais ou menos lícitas, enquanto saboreiam a tranquilidade de seu reinado sobre rebanhos divididos.

Os países ocidentais fecham, então, zelosamente, suas fronteiras terrestres para "a miséria do mundo", mas deixam escapar por estradas virtuais as riquezas a que seus cidadãos impotentes, desinformados imaginam ainda ter direito, que julgam ainda possuir e dever defender, mas que deixam fugir sem emoção.

Não são os imigrados que esgotam entre nós uma massa salarial já em vias de desaparecimento, mas sim, entre os habitantes das regiões desfavorecidas, aqueles que *não* se tornaram estrangeiros, que *não* emigraram, mas que, permanecendo dentro de seus próprios países, trabalham a preços (se é possível dizer) de esmola, sem proteção social, em condições esquecidas. Verdadeiro maná para os grupos multinacionais, eles são dados como exemplos. Como exemplos a serem seguidos, para os quais pelo menos se deveria tender, se ainda se quiser manter uma chance de reintegrar aquele rebanho que tem direito aos empregos, enquanto ainda restam alguns.

Distribuições e oportunidades que estão sob a mira das grandes organizações mundiais, como o Banco Mundial, por exemplo, que julga que "seria contraproducente uma política de taxação das firmas multinacionais para tentar prevenir a migração de empregos a baixos salários para países em vias de desenvolvimento, ou que "a transferência da produção para o estrangeiro é uma estratégia eficaz, *a fim de aumentar a porção de mercado da firma num mundo competitivo*, ou a fim de minimizar suas perdas".[1]

Os mercados podem escolher seus pobres em circuitos ampliados; o catálogo se enriquece, porque ali, agora, existem pobres pobres e pobres ricos. E existem também – sempre se descobre – pobres ainda mais pobres, menos difíceis, menos "exigentes". Nada exigentes. Saldos fantásticos. Promoções por todo lado. O trabalho pode não custar nada quando se sabe viajar. Outra vantagem: a escolha desses pobres, desses pobres pobres, empobrecerá os pobres ricos que, ficando mais pobres, próximos dos pobres pobres, serão por sua vez menos exigentes. Que bela época!

1 Citado por DECORNOY, 1996 (grifo nosso).

Estranha desforra dos possuidores, devida ao seu dinamismo, ao seu espírito de lucro, de dominação, mas também de empresa. Eles conseguem transportar e reconstituir, em outro lugar, certos excessos de exploração que a história tinha tornado caducos nos países mais industrializados e cujo desaparecimento parecia ter começado, em particular, depois das descolonizações.

Isso sem contar com as novas tecnologias empregadas na dramática rarefação dos empregos – pela qual elas são amplamente responsáveis. A clarividente prontidão da economia privada em apoderar-se das prodigiosas capacidades de ubiquidade, de sincronização, de informação que essas tecnologias oferecem, em utilizar o espaço e o tempo sem intermediários, tudo isso permite as volubilidades donjuanescas e os belos prazeres geográficos das firmas inter-multitransnacionais. E o neocolonialismo crescente.

Nada poderia demonstrar melhor a potência da economia privada e sua hegemonia. Nada, exceto a indiferença que ela suscita, as poucas reações que, quando ocorrem, são impotentes. Nada, exceto a chantagem exercida a partir daí sobre as políticas dos países desenvolvidos, a fim de que se alinhem por baixo, diminuam a fiscalização, reduzam as despesas públicas, as proteções sociais, regulamentem as desregulamentações, regulem as desregulações e "liberem" o direito de demitir sem controle, eliminem o salário mínimo, flexibilizem o trabalho etc. etc.

Essas sugestões tão peremptórias têm (no mínimo), por efeito, um relaxamento na aplicação de medidas já tão alteradas, tão combatidas, cada vez mais fáceis de contornar. Sugestões ou chantagem que encontram ainda fracas resistências, uma opinião geral nervosa, mas saturada, facilmente distraída, assiduamente voltada para uma certa indolência. Só alguns sobressaltos, como na França, em dezembro de 1995, com dois milhões de pessoas nas ruas. Julgava-se ouvir o pensamento de alguns: "Os cães ladram, a caravana passa", ou, "Continue falando, não estou interessado".

É bem verdade que as pessoas estão cansadas, elas já deram muito. Já pensaram muito. Elas estão sozinhas, esmagadas diante desse aparelho de dimensões monstruosas chamado "pensamento único". Elas se acham numa curva mais perigosa do que parece, e que preferem não considerar. Por ora, estão dispostas a ouvir as velhas lendas repetidas durante aquelas vigílias em que cochilam suavemente, embaladas por histórias em que os países ricos seriam por isso mesmo países prósperos. O que se revela – cada vez mais – falso.

Antes de tudo, atravessamos uma revolução sem perceber. Uma revolução radical, muda, sem teorias declaradas, sem ideologias confessadas; ela se impôs por cima e por meio de fatos silenciosamente estabelecidos, sem nenhuma declaração, sem comentários, sem o menor anúncio. Fatos instalados sem ruído na história, e nos nossos cenários. A força desse movimento foi de só aparecer quando já estava instalado e de ter sabido prevenir e paralisar de antemão, antes de seu advento, qualquer reação contrária.

Desse modo, a camisa de força dos mercados conseguiu nos envolver como uma segunda pele, considerada mais adequada para nós do que a do nosso próprio corpo humano.

Assim, por exemplo, já não estamos mais deplorando a baixa remuneração daquela mão de obra superexplorada em países de miséria, geralmente colonizados (entre outras coisas) pela dívida; o que estamos deplorando é o subemprego que isso provoca em *nossos* países, e quase sentindo inveja daqueles infelizes, na verdade reconduzidos, confirmados em condições sociais escandalosas – coisa que sabemos, mas nossos consentimentos não têm limites!

A propósito de emprego, é comum deplorar que seja tirado de um aquilo que, por outro lado, é outorgado a outro. Ou alegrar-se que seja atribuído a um aquilo de que o outro será privado. Lemos, por exemplo: "No Hotel Matignon, o ministro alimenta a esperança de atingir o objetivo de duas contratações de jovens para cada três cadastramentos,"[2] isso é de uma grande boa vontade, mas significa que dois desempregados mais velhos entre três

2 *Paris Match*, 21 de março de 1996.

permanecerão desempregados, já que a quantidade de empregos disponíveis nem por isso aumenta, mas, ao contrário, geralmente diminui. Ocorre o mesmo quando, apesar do aumento do desemprego, existe a alegria de ver ao mesmo tempo baixar a porcentagem dos desempregados de longa data; desta vez, foram os jovens que obtiveram ainda menos empregos do que o aumento do desemprego podia fazê-los temer.

O fato é que se atacam falsos problemas, finge-se administrar o que não é administrável. Suprimir o desemprego de um único indivíduo já vale todos os esforços que possam ser feitos. Mas, no atual estado de coisas, só podemos distribuir de maneira diferente as mesmas cartas, sem consertar absolutamente nada. Não podemos modificar a direção da descida. Poderíamos somente atuar em relação ao sentido que ela tomou. Tratar da situação real, não daquela há muito tempo desaparecida.

A título individual, os conselhos distribuídos aos desempregados nos órgãos especializados lhes indicam como conseguir eventualmente um emprego que, por milagre, está disponível, e que, desse modo, outro não obterá. Que muitos outros, mais precisamente, não obterão, tal é o número de candidatos a qualquer posto, mesmo deplorável. (Todos correm para os CESs, que oferecem tão belas carreiras e, com um pouco de sorte, desembocam em outro CES, isto é, um contrato por tempo determinado, absolutamente temporário. Trabalho em tempo parcial. Salário equivalente à metade do salário mínimo, ou seja, mais ou menos 2.800 francos por mês!) Esses conselhos, os únicos geralmente oferecidos, correspondem a certos "truques" para serem preferidos, escolhidos em vez de outro, no lugar de outro. Como a massa salarial e o mercado do emprego não têm qualquer tendência a dilatar-se, isso não tem nada a ver com a redução do número dos rejeitados. O problema, portanto, não foi sequer aflorado.

O aumento galopante do desemprego nos países desenvolvidos tende, como vimos, a fazê-los aproximar-se insensivelmente da pobreza do Terceiro Mundo. Podia-se esperar o contrário: ver a prosperidade propagar-se; mas é a miséria que se mundializa e se espalha para regiões até agora favorecidas, com uma *equidade* que honra aos partidários desse termo tão em voga.

O declínio – não o da economia: esta prospera! – se delineia, cada vez menos vago, aceito como um fenômeno natural, cada vez mais administrado pelos Estados, eles próprios cada vez mais à mercê da economia privada que, ligada àqueles grandes organismos mundiais que já encontramos, como o Banco Mundial, a OCDE, o FMI, detém, com estes, o domínio.

Porque o regime real, sob o qual vivemos e cuja autoridade nos mantém cada vez mais sob seu domínio, não nos governa oficialmente, mas decide sobre as configurações, o substrato que os governantes terão que governar. E também sobre as regras, se não sobre as leis, que colocam fora do alcance, protegidos de qualquer controle, de qualquer pressão, os grupos transnacionais, os operadores financeiros, aqueles que realmente decidem e que, em compensação, pressionam e controlam o poder político. Este último é dividido e recortado de país para país – recortes ou delimitações que são ignorados pelas potências privadas, tanto quanto as fronteiras.

Sejam quais forem seu poder, sua margem de ação, sua capacidade de ser responsável, um governo opera hoje dentro de paisagens econômicas, de circulações de intercâmbios, de campos de exploração que determinam suas políticas e que não são de sua alçada. Que não dependem mais dele, enquanto ele depende destes. Um detalhe quase anedótico. Enquanto todos os políticos se esfalfam para nos transmitir seu ardor na luta contra o desemprego, o anúncio de uma baixa deste último nos Estados Unidos, bem recentemente, fez cair as cotações da Bolsa no mundo inteiro. Podia-se ler no *Le Monde*, de 12 de março de 1996: "Sexta-feira, 8 de março, deixará nos mercados financeiros a marca de um dia negro. A publicação de números excelentes, mas inesperados, sobre o emprego nos Estados Unidos foi recebida como uma ducha fria – um paradoxo aparente mas costumeiro nos mercados ... Os mercados, que temem sobretudo o superaquecimento e a inflação, foram vítimas de um verdadeiro pânico ... Em Wall Street, o índice Dow Jones, que tinha batido um recorde na terça-feira, terminou numa degringolada de mais de 3%; trata-se da maior baixa em porcentagem desde 15 de novembro de 1991. As praças europeias também sofreram pesadas quedas ... As praças financeiras parecem particularmente vulneráveis a *qualquer má notícia*...".[3] E ainda mais: "Os analistas esperam para ver se se confirma a cifra recorde de 705 mil criações de empregos nos Estados Unidos em fevereiro, a mais elevada desde 1º de setembro de 1983. Foi essa estatística que ateou fogo na pólvora. {A Bolsa de Nova York} chegou a ceder ao pânico sexta-feira, durante as duas últimas horas de cotação. Wall Street poderia confrontar-se com uma vizinhança totalmente desfavorável, com, de um lado, uma alta já bem avançada das taxas a longo prazo e, de outro, uma estagnação ou até mesmo uma queda da rentabilidade das empresas".

Outro detalhe: as mesmas cotações subiram como flechas alguns anos antes, com o anúncio da demissão monstro pela Xerox de dezenas de milhares de trabalhadores. Ora, a Bolsa é a colmeia das "forças vivas", sobre as quais se apoiam seus governos, na falta das nações.

Mas todos nós, em coro, não deixamos de continuar deplorando "o desemprego, flagelo do nosso tempo", e participando das grandes missas eleitorais, nas quais se reza pelo retorno milagroso e certo do pleno emprego em tempo integral. E continuarão a ser incessantemente publicadas as curvas dessas estatísticas, por sua vez descobertas com gritos de surpresa desolada, num suspense jamais desencorajado. Para maior proveito das promessas demagógicas, da submissão geral, do pânico surdo, cada vez mais intenso e, como se pode ver muito bem aqui, *administrado*.

Tão discretamente, porém! Essa baixa da Bolsa, ditada pela do desemprego, por acaso tocou a opinião pública? Nem sequer se notou. Sem dúvida, era inevitável. *"One of*

3 Grifo nosso.

those things", como se diz em inglês. Uma daquelas coisas. Não havia qualquer sinal, qualquer indício? Não! Não apareceu. Embora fosse radical a contradição com os lirismos do discurso geral, com as sempiternas declarações dos políticos e dos chefes de empresa. Embora fosse uma confissão das potências financeiras reconhecendo aí seus verdadeiros interesses, e, portanto, dos poderes políticos influenciados por elas, os quais navegam às cegas dentro de decisões tomadas em outros lugares, e que eles geralmente ignoram. Uma confissão dos governos, dos eleitos, dos candidatos que, para fins eleitorais, encenam sem convicção, para um público entediado, exercícios de salvamento pouco convincentes, supostos remédios para o desemprego. Destinados, sobretudo, a reforçar a convicção de que se trata de uma retração do emprego, grave, mas temporária e remediável, no seio de uma sociedade muito logicamente organizada em torno dele – até mesmo em torno de sua falta.

Rituais nos quais cada um pretende acreditar, a fim de melhor persuadir-se (mas cada vez mais dificilmente) de que se trata apenas de um período de crise, e não de uma mutação, de um novo modo de civilização já organizado, e cujas lógicas supõem a evicção do emprego, a extinção da vida assalariada, a marginalização da maioria dos humanos. E a partir daí...?

Rituais aos quais cada um se aferra, a fim de pelo menos ouvir dizer que se trata de um declínio passageiro, e não de um regime novo, dominador, que, logo, não estará mais conectado a nenhum sistema de intercâmbio real, a nenhum outro suporte, porque sua economia agora só adere a si mesma, só visa a si mesma. Certamente se trata de uma das raras utopias jamais realizadas! O único exemplo de anarquia no poder (mas com pretensão à ordem), reinando sobre todo o conjunto do globo e imposta cada dia mais. Tempos estranhos em que o proletariado – o defunto proletariado! – se debate para recuperar sua desumana condição. Enquanto isso, a *Internacional*, essa coisa velha, meio retrógrada, relegada entre os acessórios empoeirados, as cantilenas esquecidas, parece ressurgir, muda, sem letra nem música, silenciosamente entoada pelo campo oposto. Ela se alastra, igualmente ambiciosa, menos frágil, mais bem armada, triunfante desta vez, porque soube escolher os meios certos: os da potência, e não os do poder.

Mas, de uma Internacional a outra, será que se trata realmente da "luta final"? Como sempre acontece, felizmente, toda conclusão aparente não corre o risco de ver suas consequências postas de novo em questão? "Não há bem que sempre dure, nem mal que não tenha fim", dizia a ama Beppa, tão sábia, e tudo lhe dá razão.

Nada foi nem jamais será definitivo, nem mesmo as situações mais petrificadas. Como se viu muito bem ao longo deste século. E não se trata hoje de um "fim da história", como tentaram nos fazer crer, mas, pelo contrário, de um florescimento da história, agitada como nunca, manipulada como nunca e, apesar da elegante eficácia de certas camuflagens, determinada como nunca, dirigida como nunca para um sentido único, para um "pensamento único", centrado sobre o lucro.

Diante disso, que análises, que contestações, que críticas, que oposições ou mesmo que alternativa? Nenhuma, a não ser o eco. Com, no máximo – efeitos de acústica? –, algumas variantes. Sobretudo, uma propagação de surdez, de cegueira endêmica, enquanto somos apanhados em acelerações vertiginosas, numa fuga para uma concepção desértica do mundo, tanto mais facilmente mascarada quanto mais nos recusamos a percebê-la.

Vivemos tempos importantes da história. Tempos que nos põem em perigo, à mercê de uma economia despótica cujos poderes e cuja envergadura seriam necessários pelo menos situar, analisar, decodificar. Por mais mundializada que ela seja, por mais submisso à sua potência que possa estar o mundo, resta compreender, talvez decidir, pelo menos, que lugar deve ainda ocupar a vida dentro desse desenho. É imperioso entrever ao menos aquilo de que somos participantes, descobrir o que ainda nos é permitido, até onde vão, até onde correm o risco de ir as usurpações, as espoliações, a conquista.

E, se essa conquista é aprovada de todos os lados, pelo menos confirmada como inevitável por todos os partidos – mesmo se alguns sugerem vagos retoques, ou até certas reformas –, será que não se pode, pelo menos, conquistar para cada um a liberdade de se situar, lucidamente, com certa dignidade, com certa autonomia, mesmo numa situação de rejeição?

Já faz muito tempo que estamos cegos até mesmo para sinais evidentes! As novas tecnologias, a automação, por exemplo, há muito previsíveis, como tantas outras promessas, só foram levadas em conta no dia em que as empresas fizeram uso delas e, utilizando-as, de início, pragmaticamente, também as integraram sem muita reflexão, até que, graças ao seu avanço, finalmente as dominaram e se organizaram em razão delas, para usá-las à nossa custa.

As coisas poderiam ter sido diferentes se, desde 1948, os pensadores políticos tivessem lido as primeiras obras de Norbert Wiener[1] (que foi não só o inventor da cibernética, mas um lúcido profeta quanto às suas consequências) e tivessem sabido levá-las em consideração, salientando o que a longo prazo elas implicavam de louca esperança e de perigo.

Tudo aí já era perceptível quanto à extinção do trabalho, o poder tecnológico, as metamorfoses implicadas, assim como uma distribuição totalmente diferente da energia e outras definições do tempo e do espaço, dos corpos e da inteligência.

---

1 WIENER, 1948 e 1950.

Era possível prever as reviravoltas de todas as economias, prioritariamente as do trabalho. Frequentemente, ao longo dos anos, e mesmo dos decênios seguintes, ficamos surpresos de não vê-las consideradas por nenhum regime, nenhum governo, nenhum partido em suas análises ou previsões a médio ou longo prazo. Falava-se em trabalho, indústria, desemprego, economia, sem jamais pensar naqueles fenômenos que nos pareciam tão determinantes e que escondiam da evidência potencialidades que então pareciam (e que poderiam ter sido) anunciadoras de perspectivas inesperadas. Em 1980, já escrevíamos: "É surpreendente que a cibernética não se tenha desenvolvido sob *nenhum* regime. Que nos limitemos sempre ao mesmo mercado claudicante e opressivo. A cibernética não é forçosamente uma 'solução', mas que se ignore essa possibilidade é certamente sintomático. Falta de imaginação? Ao contrário, imaginação demais! E aterrorizada pela liberdade...".[2] Porque a ideia do fim do trabalho, ou de tudo o que fosse nessa direção, só podia então ser considerada uma libertação!

A cibernética, negligenciada pela política, foi então introduzida na economia quase distraidamente, sem reflexão nem segundas intenções estratégicas ou maquiavélicas, mas como que "inocentemente", com objetivos práticos e sem teorias, mais como um simples instrumento inicialmente útil e depois indispensável. Ela revelou-se um fator de alcance incomensurável, preponderante, responsável – como era previsível, mas não foi previsto – por uma revolução de ordem planetária. Suas consequências, inscritas em nossos costumes, deveriam ter sido das mais benéficas, quase milagrosas. Elas têm efeitos desastrosos.

Em vez de abrir caminho para uma diminuição e até mesmo uma abolição bem-vindas, planejadas do trabalho, ela suscita sua rarefação e muito logo sua supressão, sem que tenham sido igualmente suprimidas ou mesmo modificadas a obrigação de trabalhar e a corrente de intercâmbios, da qual o trabalho sempre foi o único elo suposto.

2 FORRESTER, op. cit., 1980.

A inocência inicial das empresas e dos mercados deu lugar à utilização bem mais lúcida e planificada das novas tecnologias, seguida de uma administração das mais enérgicas, voltada para o lucro que era possível esperar delas e pelo qual os trabalhadores de carne e osso são responsáveis.

Longe de representar uma liberação favorável a todos, próxima de uma fantasia paradisíaca, o desaparecimento do trabalho torna-se uma ameaça, e sua rarefação, sua precariedade, um desastre, já que o trabalho continua necessário de maneira muito ilógica, cruel e letal, não mais à sociedade, nem mesmo à produção, mas, precisament e, à sobrevivência daqueles que não trabalham, não podem mais trabalhar, e para os quais o trabalho seria a única salvação.

Num contexto como esse, será que é fácil para aqueles que são justamente os mais frágeis (a grande maioria) admitir que o próprio trabalho está condenado e que, à parte a utilidade que ainda conserva para eles, à parte a necessidade vital que ainda representa, ele quase não tem mais razão de ser? Mesmo que provas e exemplos disso sejam dados ao longo do tempo?

E depois, quando já se assimilou muito bem aquilo que foi igualmente repetido desde a noite dos tempos: que não temos outra utilidade a não ser a que nos é conferida pelo trabalho, ou melhor, pelo emprego, por aquilo em que nos empregam, como admitir que o próprio trabalho não tem mais utilidade, não serve para mais nada, nem mesmo para o lucro dos outros, que ele não é mais digno sequer de ser explorado?

A sublimação, a glorificação, a deificação do trabalho também provêm daí. Não apenas da ruína material suscitada pela sua ausência. Se o Padre Eterno lançasse hoje a maldição: "Ganharás o pão com o suor do teu rosto!", isso seria entendido como uma recompensa, como uma bênção! Parece que se esqueceu para sempre que, até há bem pouco, o trabalho era muitas vezes considerado opressor, coercitivo. Infernal, geralmente.

Mas será que Dante imaginou o Inferno daqueles que clamariam em vão pelo Inferno? Aqueles para quem a pior danação seria ser expulso dele?

É Shakespeare quem afirma pela voz de Ariel: "O Inferno não existe. Todos os demônios estão aqui".

O caminho que poderia se abrir não para a falta, mas para um declínio pacífico e planejado do labor, do emprego, aquele caminho que poderia levar ao seu desaparecimento, como uma liberação favorável a todos, como uma travessia mais livre, mais florescente da vida, conduz hoje à perda de estatuto, à pauperização, à humilhação, à exclusão, talvez à dejeção de um número cada vez mais importante de existências humanas.

Ele abre para os riscos do pior. Nossos impulsos para a fuga, nosso entusiasmo para o recuo, nossas reticências à lucidez nos ajudam a estagnar no drama atual, que poderia levar a algo bem mais trágico. Nada está bloqueado; entretanto, tudo ainda é possível. Só que é da maior urgência revelar em que contexto ainda não oficialmente oficial, mas operante, dentro de que configurações, de que desenhos e de que desígnios políticos, isto é, econômicos, e, sobretudo, dentro de qual subterfúgio consentido se inscrevem nossas vidas no presente.

Para isso, seria necessário nos libertarmos de uma síndrome, a d'*A carta roubada* que, por ter sido colocada muito em evidência, passa despercebida. Mas enquanto no conto de Poe a carta era ocultada pela esperteza de quem desejava escondê-la, hoje o é pela reticência daqueles que deveriam procurá-la, pela vontade perdida de não descobri-la ou de não confessar que a viram, a fim de evitar qualquer risco de lê-la. Ora, não conhecer seu conteúdo não dá nenhuma garantia contra o que ela poderia revelar de nefasto. Ao contrário.

Nós não somos indiferentes, passivos, como parece. Na verdade, todas as nossas forças e nossos esforços tendem para o objetivo de não reconhecer nada daquilo que nos impeça – e nos impedirá mais ainda – de procurar a única forma de existência por nós conhecida, aquela que se liga ao sistema do trabalho. A única, a nosso ver, que convém ao planeta. E chegam os até a aceitar nossa espoliação e nossa exclusão dela, com a condição de ainda sermos ao menos seus espectadores. Nem que seja de sua destruição.

Nossa resistência atua nesse sentido, deixando-nos cegos e surdos precisamente para aquilo que poderia suscitar outras resistências, ou até simples questionamentos. Mantemo-nos firmes no papel de vestais!

Aceitamos que nos falem de "desemprego", como se fosse mesmo essa a questão, porque, ao ouvir esse termo, o que se ouve em eco ainda é "trabalho", e esse é talvez um dos últimos vínculos com ele que ainda nos resta.

Aceitamos que o desemprego se agrave infinitamente, enquanto nos prometem infinitamente que ele será reabsorvido, promessas que servem de pretexto a todos os abusos, à instalação de um cenário mundial insuportável, porque assim, apesar de sermos indesejáveis, repudiados, ele parece manter-nos ainda na esfera que não queremos abandonar por nada deste mundo, a esfera do trabalho; já que, afinal, a "ausência de trabalho" ainda pertence a essa esfera.

Sabemos que adentramos uma história diferente, irreversível, que não conhecemos, que ninguém conhece e cuja existência fingimos ignorar. Mas não é estranho e pouco plausível que ela tenha assumido esse aspecto fúnebre, e que admitir sua realidade corresponda a uma espécie de luto, a ponto de parecer insuportável só de pensá-la e confrontá-la? É assim tão cruel admitir não estar mais sob a dependência do chamado labor, como era entendido antes, em condições tão difíceis então de suportar? Mas, na verdade, não continuamos mais ainda sob seu domínio e, sob sua forma de carência, não somos mais escravos dele do que nunca?

A libertação do trabalho obrigatório, da maldição bíblica, não deveria logicamente levar a viver o tempo de maneira mais livre, com uma disposição para respirar, para sentir-se vivo, para atravessar emoções sem ser tão comandado, tão explorado, tão dependente, sem ter que suportar também tanto cansaço? Desde a noite dos tempos, não se esperou por uma mutação como essa, considerada um sonho inacessível, desejável como nenhum outro?

Essa passagem de uma ordem de existência para aquela que hoje se estabelece, e que nos recusamos a descobrir, parecia pertencer à ordem da utopia, mas, quando se pensava nela, era para imaginá-la como assumida pelos próprios trabalhadores, por todos os habitantes, e não imposta por alguns, em número ínfimo, que se comportariam como senhores de escravos doravante inúteis, como proprietários de um planeta que só eles administrariam e que adaptariam só para si, segundo seus próprios interesses, não lhes sendo mais necessários auxiliares humanos em grande número.

Jamais se imaginaria que ser libertado do jugo do labor teria muito de catástrofe no mau sentido da palavra. E que isso sobreviria repentinamente, como um fenômeno inicialmente clandestino. Jamais se poderia igualmente supor que um mundo capaz de funcionar sem o suor de tantos rostos seria imediatamente (mesmo antes) sequestrado, e que teria por prioridade oprimir, depois acuar, para melhor rejeitá-los, os trabalhadores agora supérfluos. Que isso se traduziria não pela capacidade de todos para melhor empregar, apreciar, assumir um estatuto de viventes, mas por uma coerção reforçada, portadora de privações, de humilhações, de carências, e, sobretudo, de mais servidão ainda. Pela instauração cada vez mais manifesta de uma oligarquia. Mas também pela improbabilidade proclamada de qualquer alternativa. Pela instalação geral de um consentimento e de um consenso que atingem dimensões cósmicas.

Entretanto, a ausência não tanto de luta, mas de qualquer postura crítica, de qualquer reação, atinge hoje tais proporções; parece tão absoluta, que os responsáveis por decisões, não encontrando nenhum obstáculo sério a seus projetos tão graves, parecem ter quase vertigem diante da calma medíocre de uma opinião ausente, ou que não se exprime, diante de um consentimento tácito em face de fenômenos todavia radicais, em face de eventos – ou melhor, adventos – que se desencadeiam com uma amplitude, uma potência e uma velocidade ainda inéditas. A "coesão social" parece inabalável, apesar da "fratura" do mesmo nome, a ponto de parecer desconcertar até mesmo aqueles que temem vê-la se romper; tanto mais que eles, por sua vez, identificam os sinais capazes de desencadear todas as contestações que não se fazem ouvir.

Daí a prudência e a paciência de que os discursos deram mostras durante muito tempo. Uma paciência e uma prudência cada vez menos necessárias. O terreno está desde já todo preparado, os vocabulários vulgarizados, as ideias... recebidas! Tudo parece estar implícito.

Assim, por exemplo, a despeito de uma tentativa corajosa, mas sem efeito, do chefe de Estado francês, que reencontrava aí um pouco do espírito de sua campanha presidencial para propor pelo menos uma declaração de intenções que evocasse o "social", os sete países mais industrializados, ou os mais ricos do mundo, durante a reunião do G7 sobre o emprego, organizada em Lille, em abril de 1996, não julgando necessário sequer dissimular, puseram-se tranquilamente de acordo – desta vez sem os desvios, circunlóquios e subentendidos habituais – sobre a necessidade absoluta de uma desregulamentação, de uma flexibilidade, em suma, de uma "adaptação" do trabalho a uma mundialização cada vez mais confirmada, banalizada até, e que se declara resolutamente fora do "social". Doravante, isso parece implícito. Hoje se "regulariza", sem mais nada, e sem dificuldade. Confirma-se a rotina. Hoje, a adaptação acelera-se em plena luz do dia.

Ela tem os meios para isso. Na mesma reunião, o diretor geral da Organização Internacional do Trabalho esclarecia que "de 1979 a 1994, o número de desempregados nos países do G7 passou de 13 para 24 milhões", isto é, praticamente dobrou em 15 anos, "sem contar os 4 milhões que renunciaram a procurar um emprego e os 15 milhões que trabalham em tempo parcial, na falta de coisa melhor".

Aceleração? Desde há pouco tempo, aquilo que já se insinuava em certas análises, alguns efeitos de anúncio, afirma-se em termos claros, em tom de *diktat*, se bem que dado sob a forma de uma alternativa, o que parece reservar-nos uma margem de autonomia e até de iniciativa: estamos diante de uma escolha. Doravante, temos a faculdade de decidir – é *à la carte*! – se preferimos o desemprego com extrema pobreza ou a extrema pobreza com desemprego.

Que dilema! E depois não venham se queixar: foram vocês que decidiram.

Mas podemos ficar tranquilos: obteremos ambos!

Eles vão juntos.

Como se pode compreender, trata-se da escolha entre dois modelos, o europeu e o anglo-saxão.

Este último obtém, há algum tempo, uma queda nas estatísticas do desemprego graças a uma ajuda social que aflora o grau zero, uma maestria espetacular da flexibilidade do trabalho, e graças, sobretudo, ao fato de que, segundo o próprio secretário do Trabalho americano, Robert Reich,[3] aliás grande economista, muitas vezes visionário, "os Estados Unidos continuam a tolerar uma grande disparidade de rendimentos – a mais importante de todos os países industrializados –, que certamente seria intolerável na maioria dos países da Europa ocidental". Mas essa miséria "intolerável", baseada no que é pudicamente apresentado como uma "grande disparidade" entre a indigência indescritível de um número impressionante e a opulência sem paralelo de uma pequena minoria, permite a Robert Reich prosseguir: "Em compensação, o país optou por uma maior flexibilidade que se traduziu por mais empregos".

Aí está.

Afinal, continuamos igualmente pobres, mas, além disso (se ouso dizer), sem ajuda social, e trabalhando! Triunfo dos princípios da OCDE e outras organizações mundiais. Os desempregados castigados e a miséria social acentuada não só oferecem a preço mais baixo uma mão de obra treinada, manipulável à vontade, mas ainda fazem baixar a taxa de desemprego. Isso se traduz pela institucionalização de uma miséria impensável num país tão poderoso, onde as fortunas se ampliam em proporções até aqui desconhecidas – em correspondência com uma pobreza crescente, uma miséria compartilhada por trabalhadores que, malgrado (ou melhor, com) seus salários, vivem abaixo da linha de pobreza, e por

3 *Le Monde*, 7-8 de abril de 1996.

classes médias muito empobrecidas, com empregos cada vez mais precários, geralmente fragmentos, fiapos, restos de empregos muito mal remunerados. E, como sempre, sem a segurança de qualquer ajuda, nem mesmo em matéria de saúde.

Mas, apesar de tudo, como se gabavam a OCDE e o FMI, conseguimos pôr para trabalhar alguns vagabundos. Infelizmente, ainda restam aqueles inúmeros boas-vidas que ficam dormindo até tarde nas calçadas, cobertos de caixas de papelão, que bocejam nas filas das ANPEs, estirados e refestelados naqueles centros de caridade, em benefício dos quais as "forças vivas" se deram muitas vezes ao trabalho de jantar caviar, como costumam fazer em auxílio aos famintos. Nenhum esforço beneficente lhes é recusado.

Entretanto, a fim de responder às constatações tão lúcidas do economista Robert Reich,[4] o ministro Robert Reich se esforça, com muito menos êxito, para encontrar soluções. Ele propõe um aumento de salário, mas os meios de que dispõe para conseguir isso se tornam de repente estranhamente imprecisos. Ele sonha com as eternas "formações" (desta vez durante toda a vida: *"life long education"*) e outros *gadgets* desgastados. Mas ele pronuncia também uma palavra que soa nova e parece prometida a um belo futuro: "empregabilidade", que se revela como um parente muito próximo da flexibilidade, e até como uma de suas formas.

Trata-se, para o assalariado, de estar disponível para todas as mudanças, todos os caprichos do destino, no caso dos empregadores. Ele deverá estar pronto para trocar constantemente de trabalho ("como se troca de camisa", diria a ama Beppa). Mas, contra a certeza de ser jogado "de um emprego para outro", ele terá uma "garantia *razoável*"[5] – quer dizer, nenhuma garantia – "de encontrar um emprego diferente do anterior que foi perdido, mas que paga igual".

---

4 Ibidem.
5 Grifado no texto da entrevista.

Tudo isso transborda de bons sentimentos, mas ser jogado assim de pequenos empregos para empregos pequenos não tem nada de novo, e quanto às "garantias *razoáveis*", suspeita-se que elas serão consideradas cada vez mais "não razoáveis" e não existentes. Inventarão, todavia, o nome de um *gadget* para distrair as multidões. Lembrem-se: empregabilidade.

O termo fará sucesso. Imagina-se o grau de profissionalização desses "empregabilizados", o grau suposto pelo menos, o grau de interesse que eles poderão dedicar ao trabalho, o progresso, a experiência que adquirirão. A qualidade de peão intercambiável, de nulidade profissional que lhes será conferida. E não se trata, de modo algum, de uma vida de aventuras oposta a uma existência de burocrata, mas da acentuação de uma fragilidade que os deixará ainda mais à mercê. Com a preocupação de uma aprendizagem constantemente renovada, sem ter muita chance de tornar-se competente. Bem entendido, não poderia tratar-se aqui de um ofício ou de "ofício". A cada nova tentativa, será preciso estar bem informado, tomar cuidado para não desagradar a nenhum dos desconhecidos, sem a esperança de fazer amigos nem de conseguir uma colocação, um estatuto para si, nem que fosse dos mais ínfimos. Um "lugar" de trabalho, menos ainda. A existência oscilará sem fim entre, de um lado, a obsessão de não perder muito depressa esse posto, embora indesejável, indesejado, e, de outro, a obsessão de, perdendo-o, encontrar outro. Obsessões tais que, apesar das horas desempregadas, não deixarão qualquer lugar a outros investimentos, enquanto esse modo de vida, mesmo enfeitado com uma "garantia *razoável*", também não proporá nem permitirá qualquer outro.

Poderemos, pelo menos, alegrar-nos pelo fato de que os sindicatos não precisarão mais grassar nessas paisagens. O vaivém permanente, a brevidade das temporadas em empresas cujo funcionamento não se tem tempo de integrar, por onde apenas se passa, onde se fica isolado, tornarão inoperantes os sindicatos. Nem sequer imagináveis. Quanto aos acordos, às reuniões, às solidariedades, às contestações coletivas, às comissões de empresas, não passam de velharias esquecidas!

Um "subínterim" permanente, generalizado, para o qual se encontrará logo algum eufemismo empolado, já que um ínterim hoje se intitula "uma missão". James Bond em toda a linha!

Há algo melhor ainda. Uma invenção genial: o "trabalho a hora zero" (*zero hour working*), praticado na Grã-Bretanha. Os empregados só são remunerados quando trabalham. Normal. Sim. Mas... eles só são empregados de vez em quando e, nos intervalos, devem imperativamente esperar em casa, *disponíveis e não remunerados*, até serem chamados pelo empregador quando este julgar conveniente, pelo tempo que considerar desejável! O empregado deverá então apressar-se para retomar a tarefa por um tempo limitado.

Uma vida de sonho! Mas que importa! Permitindo-se tudo, pode-se obter tudo. Pode-se também fazer qualquer coisa. Trabalho, se não há para todo mundo, ainda sobra um pouco. Mas, para ter uma chance de aproveitar, não se deve pedir o impossível, cada um deve colocar-se no lugar que lhe caiu: *decaído*.

Nos Estados Unidos, observa Edmund S. Phelps, o emprego é favorecido em detrimento do salário, enquanto na Europa favorece-se o salário em detrimento do emprego. Talvez. Mas nada, em lugar nenhum, age em detrimento do lucro!

Tudo acontece dentro de mercados florescentes, e o essencial é que eles não deixem de se expandir cada vez mais. Alguém nos explicará o quanto a sua prosperidade é indispensável para o emprego, para o bem-estar geral. A menos que julguem mais conveniente não explicar nada.

Mas, como alternativa ao modo anglo-saxão, existe o modelo europeu. Aquele dos luxos desenfreados de uma ajuda social orgiástica! O Estado-providência, como se sabe, frequentemente contrata essas dançarinas em fim de carreira, desempregadas, sem domicílio fixo, que ele sustenta dentro de um luxo culpável.

As grandes empresas e as organizações mundiais observam com reprovações essas orgias de outra época, responsáveis por todos os males: salário mínimo, descanso remunerado, alocações familiares, previdência social, renda mínima, loucuras culturais, para citar apenas alguns exemplos desse desperdício. Tantos fundos desviados das finalidades da economia de mercado para sustentar pessoas que nem pedem tanto. Procurar trabalho já basta para preencher uma vida. Não encontrá-lo, lhe dá mais tempero. Como não lamentar "todas as criações de riquezas" virtuais dilapidadas dessa maneira, lançadas por água abaixo, das quais todos evidentemente teriam tirado algum proveito, nem que fosse a partir das ladainhas sobre os empregos que delas certamente resultariam? É totalmente deplorável não poder erradicar mais rapidamente costumes tão vetustos.

Isso é, sobretudo, surpreendente e, na França, se deve resistência discreta de uma opinião silenciosa, desorganizada, mas nervosa, capaz de súbitas vigilâncias e, em muitos pontos, ainda pouco ligada ou até mesmo alheia ao "pensamento único". Uma cultura social aliada a conquistas sociais muito arraigadas nos mantêm ainda numa ordem que, mesmo quando abalada, mesmo parecendo que cede, pertence ainda a um registro humano, que geralmente persiste como uma referência maior. Mesmo se nós, mundializados como convêm, e de maneira mais ou menos insensível, escorregamos para fora dessa ordem do direito, ela ainda é a nossa.

Luta comparável àquela que trava pela sua vida a patética cabra do Sr. Seguin?[1] Aqui certamente se trata também, de um lado, de não perecer; de outro, de saciar um apetite inesgotável; mas trata-se menos de uma luta do que de uma presença, de uma memória obstinada.

De um lado e de outro, os valores em jogo são enormes. Os mercados sabem avaliar os seus. Eles têm os meios para defendê-los. Ou melhor – já que não estão mais nesse ponto –, para evitar que sejam freados em seu estupendo avanço. Dentro de suas redes, formam juntos uma força unida, poderosa como nenhuma outra coalizão jamais o foi. O álibi da concorrência e da competitividade, sempre colocado na frente, mascara, pelo contrário, um perfeito entendimento, uma coesão de sonho, um idílio absoluto.

Sem dúvida, cada firma, e até cada país, finge estar às voltas com a cobiça de predadores congêneres e faz de conta que depende da conduta deles, que é arrastado por eles na sua fuga para a frente. São os outros, todos os outros, ouve-se dizer, que impõem a concorrência, suscitam a competitividade, obrigam a segui-los no caminho da desregulamentação geral que instituem: salários flexíveis, quer dizer, achatados, liberdade de demitir, uma série de liberdades usufruídas por todos, a tal ponto que ser diferente deles seria fazer o jogo dos rivais, ir à falência e (aquilo que se procura evitar

1 Alusão a um conto de Alphonse Daudet (1840-1897), no qual o Sr. Seguin mantêm presa sua linda cabra, a fim de preservá-la das garras do lobo. Embora nada lhe falte, a cabra vive a lamentar sua triste condição de prisioneira, até o dia em que finalmente consegue fugir. Mas não demora muito a defrontar-se com o temível inimigo, contra o qual é inútil qualquer resistência (cf. Alphonse Daudet, *Lettres de mon moulin* [*Cartas do meu moinho*]. N. T.)

a todo custo, o coração gela só de pensar) levar consigo... os empregos. Daí, para preservá-los, a necessidade imperiosa de demitir livremente (isto, em massa), de "flexibilizar" os salários (isso está implícito), de deslocar as empresas etc. Em suma, de fazer como todo mundo, de seguir o movimento.

Discurso geral tantas vezes proferido: "Sentimos muito, mas fazer o quê? Os outros estão lá fora, com as garras à mostra. Essa concorrência, esse mundo louco lá de fora que nos obriga, se não quisermos desaparecer, e conosco os empregos!". Discurso que pode ser traduzido por: "Graças aos nossos cuidados conjuntos, tudo se resume ao que julgamos racional, equitativo e rentável, e que nos une. Esse mundo da concorrência é o nosso – iniciado, controlado, administrado por nós. Ele impõe o que nós exigimos. Ele é inevitável e forma uma coisa só com todos nós que queremos, que podemos, que tomamos tudo, todos juntos".

Novo exemplo do "um por todos, todos por um", ao qual corresponde o "nada por todos, todos por nada" mundial.

E sempre aquele mesmo meio de chantagem: o mito dos empregos que, de qualquer maneira, vão se reduzindo; uma redução que seus pretensos defensores ativam com um zelo que não se desmente.

Em lugar de supostos conflitos, joga-se aqui um único jogo, conduzido na verdade por vários, mas todos aliados em direção a uma mesma meta, dentro de uma mesma ideologia mantida em silêncio. Ele se desenvolve dentro de um mesmo clube, único e muito fechado. Nele, pode-se ganhar ou perder a partida, criar clãs, hierarquias, inventar regras inéditas, desfavoráveis para alguns, e até mesmo trapacear, colocar armadilhas ou ajudar-se mutuamente, promover querelas, no limite, até apunhalar-se, mas sempre entre si, e todos de acordo quanto a necessidade e bom fundamento do clube, número ínfimo de candidatos admitidos e sua própria preponderância. E também quanto à insignificância dos que não estão entre eles.

A concorrência? A competitividade? Elas são internas ao clube, funcionam com a concordância de todos os seus membros. Um assunto íntimo. Fazem parte do jogo, que na verdade elas próprias comandam e que não interessa aos que são estranhos ao clube. Elas não põem em rivalidade uma população contra outra. Todas as populações, pelo contrário, têm em comum *não* fazer parte do clube, mesmo que, num súbito acesso de familiaridade, ele pretenda aceitá-las como aliadas, quase como sócias, ou até como cúmplices que teriam muito a perder ou a ganhar com um ou outro dos chamados pugilistas desses pretensos conflitos. A partida, na verdade, jogada sem elas, para não dizer contra elas. Uma partida bem policiada, organizada de tal modo que os supostos adversários, todos juntos, ganham tudo.

Concorrência e competitividade não agitam tanto quanto dizem, e sobretudo não *como* dizem, as empresas e os mercados. As redes mundiais, transnacionais, são por demais imbricadas, entrecruzadas, ligadas entre si para que isso ocorra. Trata-se, mais propriamente, de álibis que recobrem um interesse que comum a toda a economia privada, e que reside precisamente naquelas vantagens, privilégios, exigências, permissividades a que ela se diz obrigada por rivalidades terríveis, ameaçadoras, quando se trata principalmente de alianças dentro de um mesmo programa – de uma vontade comum, administrada de maneira magistral.

As rivalidades exercem certamente um grande papel na economia de mercado, mas não nas esferas nem nos níveis que ela costuma indicar. O que ela dá como seu resultado provém, ao contrário, da vontade conjunta de todos. Composta de um único grupo, ela só poderia estar ainda mais dirigida para aquilo que a favorece: a exclusão desse mundo do trabalho com o qual não tem mais nada a ver.

Daí a impaciência suscitada pelas "generosidades" fora de lugar das proteções sociais e outras prodigalidades contestadas; protestos tão reiterados que acabaríamos aderindo a eles, de tanto que são insistentes e agressivos, se não nos lembrássemos de que eles não dão nenhuma importância àquilo que desaparece por detrás das estatísticas: a ampliação do abandono, a acuidade da miséria, a degradação da vida, o malogro de qualquer esperança. Ignoram também, ou silenciam, o fato de que os "auxílios" em questão, essas "assistências" vilipendiadas, expostas como dádivas reservadas a alguns privilegiados que deitam e rolam sem pudor nessas minas de ouro, são inferiores às despesas necessárias a uma sobrevivência normal e mantêm seus "obrigados" bem abaixo da linha de pobreza, do mesmo modo, aliás, que muitas aposentadorias e remunerações de estágios, contratos subvencionados e outros estratagemas invocados para "cortar as gorduras", só que, desta vez, as lancinantes estatísticas do desemprego.[2]

O desemprego invade hoje todos os níveis de todas as classes sociais, acarretando miséria, insegurança, sentimento de vergonha em razão essencialmente dos descaminhos de uma sociedade que o considera uma exceção à regra geral estabelecida para sempre. Uma sociedade que pretende seguir seu caminho por uma via que não existe mais, em vez de procurar outras.

Mas, durante esse tempo, ser uma unidade dentro dessas estatísticas! Estar às voltas com as inúmeras complicações, vexames e humilhações de toda espécie que acompanham o desemprego. Mas, em certos casos, numerosos, viver com 2.400 francos por mês, ou ainda menos, ou até mesmo com nada quando se está em "fim de direitos" (sabemos o que essa expressão significa!). E sempre aquele esforço inútil e repetitivo com a finalidade de "se colocar" (como se dizia antigamente). E a alegria cotidianamente renovada de saber

2 Na maioria dos casos, os auxílios-desemprego geralmente só permitem subsistir abaixo, muito abaixo da linha de pobreza. A cada quatro meses eles diminuem de 15% a 25%. A duração das indenizações foi reduzida em 1992. Quanto à RMI, ela representa a soma fabulosa de 2.300 francos por mês! Sem contar o número impressionante de casos não inscritos. Sem contar certas aposentadorias, como as de viúvas "vivendo" com 2.000 francos por mês. Sem contar também as latas de lixo que são muitos dos "asilos" de velhos. Velhos pobres, vivendo nesses locais que são a vergonha de uma "civilização", punidos por terem vivido e por continuar incomodando.

que será considerado oficialmente um valor nulo. E que *não existe* colocação nenhuma.[3]

Rápida de dizer, rápida de pensar, mas tão longa, tão lenta de viver, essa espécie de desgraça.

Será que se entende que, nesse caso, não se trata mais de categorias burladas, de simples peripécias políticas, mas de um sistema que se estabelece, se é que já não existe, e que nos exclui?

Resta ao grande número um último papel a cumprir, eminente: o de consumidores. Ele convém a cada um: até os mais desfavorecidos, por exemplo, não comem às vezes massas de nomes célebres, mais honrados que seus próprios nomes? Massas cotadas na Bolsa? Não somos todos atores potenciais, aparentemente muito solicitados, desse "crescimento" que supostamente contém em si todas as soluções?

Consumir, nosso último recurso. Nossa última utilidade. Ainda somos bons para esse papel de clientes necessários a esse "crescimento", tantas vezes posto nas nuvens, tão desejado, tão prometido como o fim de todos os males, esperado com tanto fervor. Isso é muito tranquilizador! Só que, para manter esse papel e essa posição, seria preciso ter os meios. Mas eis algo mais tranquilizador ainda: o que não serão capazes de fazer para nos dar esses meios ou para preservar os que já temos? "O cliente é soberano", princípio sagrado: quem ousaria infringi-lo?

Mas, então, por que essa pauperização metódica, organizada, que chamam racional, e até necessária, até mesmo promissora, e que vai se agravando? Por que cortar, quase com raiva, das fileiras dos consumidores potenciais dezenas de milhares que, por sua vez, parecem representar as "galinhas dos ovos de ouro" das "forças vivas da nação", essas campeãs no jogo das "criações de riquezas", mas criadoras

---

3 Talvez não se saiba que, na preocupação de não ver um desempregado correr o risco de distrair-se de sua caça ao emprego, ele está proibido, sob pena de perder a alocação, de praticar qualquer trabalho voluntário, de dar dessa maneira um sentido à sua vida, de ter uma atividade e experimentar o sentimento (justificado) de ser útil.

de tanta pobreza? A economia de mercado teima em serrar o galho sobre o qual pretende estar apoiada? Ela sabota a si mesma a golpes de "planos sociais", "reestruturações", flexibilização de salários, deflação competitiva e outros projetos frenéticos visando abolir as medidas que ainda permitem aos mais desfavorecidos consumir um pouco que seja? Será por masoquismo?

Vejamos o que representa o crescimento para o "apóstolo da produtividade" nos Estados Unidos, Stephen Roach,[4] que hoje renuncia à sua paixão pelo *downsizing* (termo americano, um pouco mais decente que o nosso [*dégraissage*], para "cortar as gorduras"), o que não o impede de conjurar a Europa a sair dos tempos merovíngios em que se acha incrustada, nem de indignar-se: ela "nem sequer começou a considerar o tipo de estratégias que adotamos nos Estados Unidos"... as mesmas que hoje ele recusa!

Estratégias que, em compensação, ele aconselha a esta Europa retardatária, prometendo-lhe resultados sedutores. Assim, "ao longo dos progressos" que prescreve – e que define como "desregulamentação, globalização e privatização" –, ele garante que "inevitavelmente, por mais triste que isso possa parecer, haverá demissões"! Se ele recomenda ao seu próprio país que se resigne hoje a contratações, a Europa, em compensação, não deve de modo algum ater-se a semelhantes detalhes: nossos países atrasados não devem absolutamente "abrigar-se atrás da experiência americana ou usar o pretexto da (sua) nova análise da situação para defender-se contra a necessidade de reestruturar; (isso) seria renunciar a ser competitivo". Ora, francamente!

Um homem de experiência num país superdesenvolvido! Seríamos bem idiotas de não tirar proveito de suas lições, de não interromper nossas vacilações, a fim de chegar, como ele, com os mesmos métodos, ao estágio... no qual ele se plantou! Por que razão, aliás, ele julga que pegou um "caminho errado": o mesmo que nos aconselha a tomar?

4 *Le Monde*, 29 de maio de 1996.

Primeiro, ele *não* pegou "caminho errado", quer dizer, não realmente: os outros é que não seguiram ao pé da letra suas prescrições. E depois, ele não pode resistir às suas louváveis inclinações: no seu "roteiro da retomada econômica pela produtividade", ele tinha imaginado, conforme nos diz, "um entorno de baixa inflação e crescimento sustentado dos lucros, portanto muito positivo para as ações e obrigações, mesmo que o crescimento da economia fosse muito lento". O crescimento não teria mais prestígio a seu ver? Ai de nós! Mas Roach prossegue: "Eu via, paralelamente, uma forte tendência ao *downsizing*, à compressão dos custos da mão de obra, favorecendo um clima econômico muito construtivo". Não! O crescimento decididamente não é a preocupação maior do "apóstolo da produtividade". O poder de compra, alegremente "comprimido", também não. Sua anulação ou seu enfraquecimento constituem, ao contrário, as condições de um "clima econômico" que ele julga "muito construtivo". Gostaríamos de saber a opinião da "mão de obra" e dos "downsizados", heróis desse sucesso!

Nosso "apóstolo" nos mostra assim outro aspecto desse crescimento tão em evidência, revelando com que entusiasmo ele é considerado pela economia real. Entusiasmo compartilhado por governos que praticam com ardor aqueles cortes sombrios (sempre dezenas de milhares), desta vez nas fileiras de consumidores, como, por exemplo, funcionários públicos, que não dependem do setor privado, mas que não deixam de ser considerados "rentáveis", segundo os critérios dos mercados. Não necessários ou competentes, mas "rentáveis" – em relação a que instância sagrada? Pouco importa se, malgrado os clichês repetidos com tanto prazer e que os descrevem como preguiçosos abastados, aproveitadores desleixados, vampiros sedentos, eles, por outro lado, são necessários como professores, funcionários da saúde, dos serviços públicos, ou mesmo como... consumidores! A falta de pessoal nos hospitais, nas escolas, nos trens etc. é um fato demonstrado, mas, por economia (visando a quê? para obter o quê?), esse pessoal é objeto de "cortes de gorduras" maciços. Aqui, a automatização que permite economizar mão de obra preservando os resultados não é responsável por essas demissões, por essas compressões de efetivos. Só o desprezo é que é.

E também o fato (absolutamente surpreendente) de ter conseguido fazer que esse desprezo fosse compartilhado por um público sobre o qual ele é exercido com prioridade! E que sofre suas consequências.

Contradição flagrante entre a precariedade criada desordenadamente e a tão propalada expressão de um crescimento ardentemente esperado, por assim dizer, apresentado como um remédio a todos os males. Será que o objetivo verdadeiro seria mesmo *esse* crescimento, que eliminaria *esses* males? E não um crescimento das especulações financeiras e dos mercados mais ou menos virtuais – um "capitalismo eletrônico" – tão dissociados do crescimento em questão?

Mas, em semelhante contexto, onde está a publicidade que parece tão capital e que, presente em tudo, nos faz viver num mundo não mais reificado, mas rotulado, onde, se as pessoas veem seus nomes substituídos por siglas, as coisas, por sua vez, trazem nomes próprios, a ponto de formar uma população de rótulos que assombra os espíritos, deixando-os obcecados, focalizando as pulsões? A tal ponto que, no limite, os nomes de "marcas" poderiam perfeitamente acabar não correspondendo a nenhum produto?

Por meio de seduções e artimanhas que nenhuma cortesã, nenhum fanático jamais cultivaram, a golpes de evocações e de associações libidinosas, é por rótulos que nos fazem desmaiar. Nossas fantasias, nossas reações mais subliminares são dissecadas em praça pública. Quer sejamos de direita ou de esquerda, sabem como vender a todos nós o mesmo ravióli, da mesma maneira. Ou um perfume, um queijo. Ou desemprego. Quer sejamos consumidores ou não, sabem que consumiremos. E o que consumiremos.

Talvez o verdadeiro interesse da publicidade resida cada vez mais nessas últimas funções: na poderosa distração que ela suscita; no ambiente cultural que ela satura, mantendo-o mais perto possível do grau zero; mas, sobretudo, no desvio do desejo, nessa ciência do desejo que permite condicioná-lo, persuadir primeiro que ele existe; depois, que ele existe apenas lá onde é indicado. E, sobretudo, que não existe em outro lugar.

Talvez o papel da publicidade seja mais político que econômico, mais catequético que promocional. Talvez ela sirva, sobretudo, para suprimir Mallarmé e sua metralhadora? Será que, à revelia até dos que a praticam, o papel do consumidor, depois de satisfeito, tem muito pouca importância e não representa mais o verdadeiro objetivo? Talvez nos deixem ainda essa ilusão, mas só por gentileza. Por prudência também, não sem uma certa paciência: nunca se sabe, essas crianças podem ficar por demais insuportáveis; como adivinhar o que elas ainda podem inventar? Stephen Roach, ele também, está muito consciente disso. Se ele se alegra pelo fato de que, "num mundo em que a competição é cada vez mais intensa, é sempre o empregador que tem o poder", não deixa, entretanto, de suspirar: "Mas, na arena da opinião pública, as regras do jogo são diferentes: os chefes de empresa e os acionistas são objeto de ataques sem precedentes". É de perguntar se por acaso ele não fantasia um pouco sobre a importância e as consequências potenciais desses ataques. Mas é sobretudo interessante notar que toda resistência tem um impacto, já que Roach se vê obrigado a concluir: "A verdade é que não se pode espremer eternamente a mão de obra como um limão". Cremos ouvir aqui soluços na voz.

Enquanto isso, há as liquidações. Praticam-se cortes enérgicos nos efetivos de todos os lados, embora proclamando e prometendo (sempre a gentileza) amanhãs de trabalho. Sabotam-se os níveis de vida fazendo apelo à confiança. Desintegram-se instituições, degradam-se conquistas sociais, sempre, porém, para preservá-las, para dar-lhes uma última oportunidade: "É para melhor te salvar, meu filho!".

Tudo isso, sempre em nome de catástrofes suspensas, como espadas de Dâmocles com as quais somos entretidos sem muitos detalhes, a golpes de "déficits", de "buracos" a serem preenchidos com urgência. A inquietação administrada, mas em razão de quê? Onde foram parar aquelas supostas calamidades prestes a desabar sobre nós e nos devorar... se não nos deixamos devorar antes por aqueles que fizeram essa publicidade? Que precisões nos dão? Esse "déficit", por exemplo, que monstro ele representa? Exatamente que desastre, o que seria pior que os desastres fomentados pelas medidas destinadas a evitá-lo? Não existe uma alternativa pelo menos possível de ser considerada, nem que fosse para voltar atrás depois? O que se tem em vista? O bom andamento dos mercados ou o bem-estar, a sobrevivência das populações?

E, depois, esse dinheiro que está faltando, ele existe! Distribuído de maneira muito particular, mas existe. Não insistiremos nisso, seria pouco "correto". Trata-se de uma simples observação – de passagem, e a passos largos...

Não se deve antes de tudo respeitar o princípio essencial: não perturbar a opinião pública? Não perturbar o seu silêncio. Esse silêncio que se pergunta como foi obtido. "A força é a rainha do mundo, e não a opinião. Mas é a opinião que usa da força. – É a força que faz a opinião." Reconhece-se aí Pascal. Mas Pascal não é, nem nunca foi, evidentemente, uma "força viva da nação"!

O que visam, então, essa desordem vaga e metódica, essa anarquia econômica, esse "dogma do *laissez-faire*"[5] que nos arrastam irresistivelmente para fora do campo da vida, de nossas vidas?

Será que não veem que não acontece nada, que não se decide nada nessa cena a que estamos assistindo, essa mesma que nós próprios ocupamos, enquanto ao nosso redor tudo se agita para fazer crer o contrário?

Será que ainda nos é possível efetuar outras escolhas, a não ser as que se ligam aos epifenômenos de decisões já tomadas dentro de um sistema único, já instaurado, mundializado, do qual só agora se começa a tomar (mas tão pouco) consciência? Nem sequer é pensável propor – apenas propor – algo que pareça contrariar um mínimo que seja os

5 POLANYI, 1983. Primeira edição nos Estados Unidos, em 1944.

interesses dos mercados privados (ou mesmo algo que não pareça ir exatamente no sentido deles), sem ouvir imediatamente uma objeção, se é que ainda dão tempo de emitir sugestões: "Meu Deus do céu! Mas, se elas ouvissem isso, só de ouvir, já iam fugir, se mudar, dar o fora, se arrancar, dar no pé, sair pela tangente, tirar o time de campo, de mala e cuia, iam se mandar!". Já se percebeu que se trata de nossas caras "forças vivas", tão volúveis, velozes, voláteis, sempre prontas a sair voando com suas empresas e seus saldos de empregos, esses restos ameaçados, ou melhor, ameaçadores (na verdade, as ameaças e as chantagens ligadas ao emprego), rumo a outras plagas onde as esperam permanentemente aqueles povos comportados, aquelas populações submissas, aquelas nações "adaptadas".

Não há país que não esteja ciente da predisposição das "forças vivas" a deixar qualquer nação (a sua em particular) para ir rumo às que serão mais dóceis. Não há país que não queira estar inscrito na sua lista de regiões frequentáveis e que não se tenha convertido em municipalidade da ordem mundializada.

Por toda parte, então, o mesmo jogo. Nenhum canto do mundo que não esteja cercado. Por toda parte – e cada vez mais nesta Europa desavergonhada que se leva vigorosamente de volta à razão –, esses mesmos discursos que anunciam a redução das despesas públicas (na falta da sua abolição), a organização de "planos sociais" maciços, maior flexibilidade do trabalho. Mas por toda parte também os mesmos refrãos que pontuam tais discursos, afirmando que esse dispositivo mundializado que instala e faz enraizar-se um sistema econômico autoritário, indiferente aos habitantes deste mundo – mas antagonista por natureza à sua presença inútil, já prestes a ser parasitária, porque não mais rentável –, que tais medidas manifestamente nefastas têm como objetivo essencial, nem é preciso dizer, "combater o desemprego" e "lutar pelo emprego".

Refrãos formulados com uma displicência crescente, cada vez mais mecanicamente, porque ninguém é enganado. Cada um parece, ao contrário, estranhamente cúmplice:

não só aqueles que ainda têm a bondade de se dignar ou se dar ao trabalho de fazer uso dessas perífrases corteses em relação a populações que não têm mais avisos a dar, mas que reclamam essas promessas, suportam seus perjúrios e, afinal, pedem apenas para ser exploradas; como também estas últimas que, como crianças que pedem sempre a mesma história, na qual não acreditam mas fazem de conta que sim, já que têm medo do silêncio e do que não é dito, que pressentem e não querem saber. Recusa de jamais ouvir, jamais ver que tudo concorre para projetar a sua ausência, que tudo se encolhe, se torna deserto ao seu redor, e que os sinais de um mundo reduzido a ser somente econômico parecem a melhor advertência de que eles representam uma despesa supérflua.

Aquela despesa que é caçada, de tocaia, sem qualquer descanso, até ser suprimida. E quando se tratar de seres viventes? A moral em curso exige, antes de tudo, por uma questão de ética, balanços impecáveis.

Assim, tacitamente ameaçados, estamos imobilizados dentro de espaços sociais condenados, locais anacrônicos que se autodestroem, mas onde temos o estranho e apaixonado desejo de permanecer, enquanto o futuro se organiza, debaixo de nossos olhos, em função de nossa ausência já programada de maneira mais ou menos consciente.

Fazemos tudo neste mundo para ignorar isso. Tudo, menos perceber esse afastamento cada vez mais sistemático, essa expulsão para dentro de um sistema que se desintegra, enquanto se instala uma era contemporânea que não está em sincronia conosco. Tudo, menos registrar o hiato instaurado entre uma economia de mercado, transformada em proprietária exclusiva deste mundo e os habitantes deste mundo, em prisioneiros de sua geografia. Tudo, menos considerar real essa solução de continuidade, tanto mais que dirigentes e estrategistas do novo regime (que não é declarado) nos endereçam, por intermédio da classe política, alguns discursos que ainda respondem aos nossos códigos e cuja redundância nos embala, nos tranquiliza.

Ora, se os donos dessa economia persistem em arruinar o que já não é mais que ruína, em explorar os vestígios de uma era desaparecida, em administrar a vida a partir de seu microcosmo, no raiar de uma nova era à qual seus contemporâneos não têm acesso, e, sobretudo, se persistem em dar como única chave da vida esse trabalho que eles esvaziam (não sem cuidar para que este pareça conservar seus valores), acabarão realmente encontrando uma resposta para a pergunta, ainda não formulada, a propósito de seus congêneres: "Como livrar-se deles?". Mas trata-se, nesse caso, de uma história da qual eles próprios, certamente, não têm consciência, assim como não têm do perigo que fazem pesar sobre nós, sem encontrar, aliás, nenhuma resistência. Passividade que representa o fato mais inesperado. É esse desinteresse, essa resignação, essa apatia mundializada que poderiam permitir que o pior se instalasse. O pior, que está aí à nossa porta.

Houve, sem dúvida, tempos de angústia mais amarga, de miséria mais acerba, de atrocidades sem medidas, de crueldades infinitamente mais ostensivas; mas jamais houve outro tempo tão fria, geral e radicalmente perigoso.

Se a ferocidade social sempre existiu, ela tinha limites imperiosos, porque o trabalho oriundo das vidas humanas era indispensável para aqueles que detinham o poder. Ele não o é mais; pelo contrário, tornou-se incômodo. E aqueles limites esboroam-se. Será que se entende o que isso significa? Jamais o conjunto dos seres humanos foi tão ameaçado na sua sobrevivência.

Qualquer que tenha sido a história da barbárie ao longo dos séculos, até agora o conjunto dos seres humanos sempre se beneficiou de uma garantia: ele era tão essencial ao funcionamento do planeta como à produção, à exploração dos instrumentos do lucro, do qual representava uma parcela. Elementos que o preservavam.

Pela primeira vez, a massa humana não é mais necessária materialmente, e menos ainda economicamente, para o pequeno número que detém os poderes e para o qual as vidas humanas que evoluem fora de seu círculo íntimo só têm interesse, ou mesmo existência – isso se percebe cada dia mais –, de um ponto de vista utilitário.

A relação de forças, até aqui sempre latente, se anula por completo. Desaparecem as barreiras de proteção. As vidas não são mais de utilidade pública. Ora, é precisamente em razão de sua utilidade em relação a uma economia agora autônoma que elas são avaliadas. Vê-se bem onde reside o perigo, ainda virtual mas *absoluto*.

Ao longo da história, a condição humana foi muitas vezes mais maltratada que nos dias de hoje, mas o era por sociedades que, para subsistir, precisavam dos vivos. E de vivos subalternos em grande número.

Já não é esse o caso. É por isso que hoje é grave – em plena democracia, numa época em que se tem a experiência do horror e, como nunca, os meios de ser socialmente lúcido –; sim, é tão grave observar a rejeição inexorável daqueles que não são mais necessários, não aos outros homens, mas a uma economia de mercado para a qual não são mais uma fonte potencial de lucro. E sabemos que não voltarão a sê-lo.

A abjeção em que são mantidos, a punição que lhes é infligida como coisa natural, a violência arrogante e desenvolta que são obrigados a suportar, o assentimento ou a indiferença, a passividade de todos – incluindo a deles próprios – diante do aumento da desgraça poderiam ser anunciadores de desvios sem limites, porque as massas molestadas doravante não são mais necessárias aos objetivos daqueles que as atormentam.

Por aí se vê o perigo que as ameaça a mais ou menos longo prazo, enquanto elas, inconscientes (ou esforçando-se para isso), pretendem estar mentalmente vivendo numa dinâmica que os fatos contradizem, na qual o trabalho continuaria a ser a norma e o "desemprego", uma consequência passageira de caprichosas conjunturas. O fato de a ausência de trabalho ter-se tornado hoje a norma oficialmente instituída parece escapar não só aos solicitantes de emprego como também a toda a sociedade, aos discursos oficiais e à legislação. Se hoje se começa (apenas) a fazer alusão a isso, é geralmente para desembocar em promessas paradoxais de amanhãs repletos de salários e pleno emprego, ou em acordos confusos e redundantes que visam restaurar, de maneira idêntica, o sistema que provocou sua autodestruição.

Por que então teimar em enfiar trabalho a todo custo onde ele não é mais necessário? Por que não renunciar à própria noção daquilo que nos trai, que se esconde ou que já fugiu: o trabalho tal como o entendemos? Por que esse *must* do emprego, aquele emprego de homens dedicados ao "emprego" de si próprios a qualquer preço, mesmo ao preço de sua perdição (já que não há mais emprego, já que, na melhor das hipóteses, ele está desaparecendo), como se não pudesse existir outro "emprego" para a vida, para as suas vidas, do que ser assim "utilizados"?

Por que ninguém parece pensar sequer em se adaptar às exigências da mundialização, exercitando-se não para suportá-la, *mas para livrar-se dela*? Por que não buscar antes de tudo *um modo de distribuição e de sobrevivência que não seria função de uma remuneração de emprego*? Por que não buscar, por que não exigir para o "emprego" da vida – do conjunto humano – outro sentido que não seja o "emprego" do conjunto dos indivíduos por umas poucas pessoas, tanto mais que até isso agora se revela impossível?

É bem verdade que há muitas razões para isso. Citemos algumas entre as mais importantes.

Primeiro, a dificuldade e a envergadura de uma empreitada como essa, que é da ordem da metamorfose. E, depois, o interesse das potências econômicas em dissimular precisamente... as camuflagens que elas suscitaram ou acentuaram, repondo a ilusão de uma presença do trabalho dada como provisoriamente interrompida – intervalo considerado certamente detestável, mas que se jura abreviar. Trapaça, miragem para fins de dominação sobre o grande, sobre o imenso número que é mantido fragilizado, num impasse que o deixa à mercê. Desejo de explorar o que ainda possa existir dos vestígios do trabalho humano, preservando uma coesão social conquistada pelo viés da derrota, da vergonha, do terror frio e recalcado de multidões sequestradas nas lógicas perecidas, hoje destrutivas, de um trabalho que não existe mais.

Outra razão: a desorganização sincera e geral, certamente compartilhada até mesmo pelos dirigentes de uma economia carnívora, ante uma forma de civilização nova e desconcertante, sobretudo quando se trata de renunciar de maneira tão repentina e radical à forma antiga. Ante essa metamorfose, essa passagem para outra era, é pedir muito, e a todos, para que consigam integrar-se, para que tenham ou encontrem o gênio necessário para metamorfosear também a natureza humana, suas mais ricas culturas, e os caminhos do pensamento, do sentido, dos atos e das distribuições. E para que preservem assim, sem danos, a vida dos viventes.

Esses viventes que parecem assistir, incrédulos e condescendentes, à sua própria exclusão do *planning* mundializado, e que se apressam em considerar sua trágica fragilidade social a sequência lógica e até banal de lacunas e de erros pelos quais eles seriam os únicos responsáveis, cabendo a eles, só a eles, pagar – até mesmo por uma fatalidade.

Resignação devida, talvez, ao recalque daquela descoberta aterradora, inassimilável, sobre o único valor real, dramaticamente redutor, poderosamente decepcionante, que é e certamente sempre foi atribuído a eles: o valor medido pelo seu "rendimento" econômico, distinto de qualquer outra qualidade, o que faz que sejam avaliados *abaixo* do nível das máquinas. E que não lhes confere outros direitos – no limite, nem mesmo o de viver –, a não ser aqueles ligados ao seu trabalho, enquanto se esboroam as condições que lhes davam acesso a esses direitos.

Renúncia devida, ainda, ao sentimento de não mais dispor de qualquer meio de pressão, ante uma coesão coercitiva que detém o poder e que lhes parece errado ter surgido, repentina e indecifrável, imprevista.

Um efeito de estupor, por assim dizer, que não deixa de lembrar o abatimento de povos colonizados por homens que, para o bem ou para o mal, tinham atingido uma época da história que era diferente daquela em que ainda se agitavam os invadidos cuja civilização era superada pela outra. Os valores ultrajados dos indígenas tornavam-se inoperantes no próprio local em que se tinham desenvolvido, onde ainda ontem se expandiam, mas onde agora se achavam vencidos, como que exilados, em face de um poder que se instalava sem conferir-lhes os meios de penetrar livremente, em pé de igualdade, no novo sistema importado à força, e sem lhes dar direito a qualquer direito.

Os usurpadores, em compensação, outorgavam-se todos os direitos sobre eles que, colocados fora de seus modos de vida, de pensamento, de crença e de saber, doravante sem referências, verdadeiramente *siderados*, acabavam por perder toda energia e toda capacidade, e mais ainda, todo desejo, incluindo o desejo de compreender, *a fortiori* o de resistir. Povos cuja sabedoria, ciência e valores são hoje reconhecidos, geralmente bons guerreiros, anulavam-se, prisioneiros de uma civilização predadora que não era a sua e que os rejeitava. Povos petrificados, paralisados, tetanizados, sofrendo entre duas eras, vivendo em tempos anteriores, em cronologias diferentes da de seus conquistadores, os quais lhes infligiam seu próprio presente sem compartilhá-lo em nada. E tudo isso em locais que, compondo todo o seu mundo, tudo aquilo que sabiam e imaginavam do mundo, acabavam por tornar-se sua prisão, já que, para eles, não existia nenhum outro lugar.

Isso não evoca nada?

Não estamos nós também assustados, presos dentro de um mundo familiar, mas sob uma autoridade que nos é estranha? Sob o império mundializado do "pensamento único", dentro de um mundo que já não funciona à mesma hora que nós, que não corresponde mais às nossas cronologias, mas cujo horário nos governa. Um mundo sem qualquer outro lugar, inteiramente submetido a esse domínio, mas ao qual nos agarramos, teimando em permanecer como seus sujeitos dolorosos, fascinados para sempre pela sua beleza, pelas suas oferendas, seus intercâmbios, e perseguidos doravante pela lembrança do tempo em que, submersos no trabalho, ainda podíamos dizer: "Não morreremos, estamos ocupados demais".

Hoje estamos apenas no estágio da surpresa, numa espécie de enfraquecimento, de condicionamento. A tragédia ainda não é espetacular. No entanto, bem no centro, bem próximo daquele ponto considerado o acme da civilização, há "civilizados" dessa mesma civilização que excluem aqueles que não servem mais e cujo número sabemos que vai aumentando em proporções ainda não imaginadas. Ainda se toleram os outros, mas cada vez menos outros, com cada vez mais impaciência e em condições cada vez mais severas, segundo pontos de vista cada vez mais abertamente brutais. Já não se procuram tanto os álibis, as desculpas: o sistema é considerado adquirido. Baseado no dogma do lucro, ele está acima da lei, que ele derroga conforme a necessidade.

Hoje, as regiões onde ainda se leva tibiamente em conta a condição humana – mas com tal frieza, tais reticências, quase com pesar, com remorso –, são apontadas com o dedo, vilipendiadas pelos Gary Becker, implicitamente desaprovadas pelo Banco Mundial e outras OCDEs, sem contar todos os devotos do "pensamento único" que, aliados às "forças vivas" de todas as nações, se esforçam por reconduzir esses excêntricos à razão. Com sucesso.

Diante disso, quais contrapoderes? Nenhum. Sem incidentes, abrem-se os caminhos para as barbáries refinadas, os saques de luvas brancas.

Isso é apenas um começo. É preciso estar bem atento a esses tipos de começos: no início, eles nunca aparecem como criminosos, nem mesmo como verdadeiramente perigosos. Eles se sucedem com a concordância de pessoas realmente encantadoras, dotadas de boas maneiras e de bons sentimentos, que não fariam mal a uma mosca, e que, aliás – quando param para pensar nisso –, consideram lamentáveis, mas infelizmente inevitáveis, certas situações, e que ainda não sabem que é aí, *nesse ponto mesmo*, que se inscreve a história, aquela que não perceberam enquanto ainda se tramava, enquanto tinham lugar as primícias de eventos que mais tarde seriam considerados "indizíveis".

É certamente através dessa ordem de eventos (em seus tempos despercebidos, ou, antes, censurados, escotomizados) que geralmente se desenha a história. São eles que mais tarde – tarde demais – se tornarão os sinais legíveis que, na época, quase não foram notados.

Por não ter tido consciência do que significava, desde o começo, a sorte de nossos contemporâneos sacrificados, considerados um rebanho sem nome, talvez, depois que tiverem suportado todas as provas daí resultantes, provas que se terão propagado, cada vez mais permissíveis – e se é verdade que elas terão fim –, talvez se chegue a dizer ainda que elas eram "indizíveis" e que "sobretudo não se deve esquecer". Mas não se poderá esquecer: jamais se terá sabido.

Talvez também haja ainda alguém em condições de dizer: "Isso nunca mais". Mas talvez, um dia, não haverá mais ninguém capaz sequer de pensar assim.

Exageros? É isso que se diz "antes", quando ainda seria tempo de saber que uma unha ou um fio de cabelo tocados, um ultraje já podem constituir o início do pior. E que os crimes *contra* a humanidade são sempre crimes *da* humanidade. Por *ela* perpetrados.

Este século nos ensinou que nada dura muito tempo, nem mesmo os regimes mais "concretados". Mas também que tudo é possível na ordem da ferocidade. Ferocidade agora mais do que nunca capaz de se desencadear sem freios; sabemos que com as novas tecnologias ela hoje disporia de meios redobrados, perto dos quais as atrocidades passadas pareceriam apenas tímidos esboços.

Como não imaginar os acontecimentos possíveis sob um regime totalitário, que não teria qualquer dificuldade para se "mundializar", e que disporia de meios de eliminação de uma eficácia, uma amplitude e uma rapidez jamais imaginadas: genocídio para pronta-entrega.

Mas talvez se considere uma pena não aproveitar melhor esses rebanhos humanos; não conservá-los vivos para fins diversos. Entre outros, como reservas de órgãos para transplante. Plantel de seres humanos ao dispor, estoques de órgãos vivos ao qual se recorreria à vontade, conforme as necessidades dos privilegiados do sistema.

Exagero? Mas quem dentre nós grita ao saber que na Índia, por exemplo, há pobres que vendem seus órgãos (rins, córneas etc.) a fim de subsistir durante algum tempo? Isso é sabido. E há clientes. Isso é sabido. Isso acontece hoje. Esse comércio existe, enquanto das regiões mais ricas, mais civilizadas, há os que vêm fazer suas compras a preços bem baixos. É sabido que em outros países esses órgãos são roubados – raptos, assassinatos –, e que há clientes. Isso é sabido. Quem grita, a não ser as vítimas? Quem protesta contra o turismo sexual? Os únicos a reagir são os consumidores: eles se precipitam. Isso é sabido. E seria preciso atacar não tanto os epifenômenos que são a venda de órgãos humanos ou o turismo sexual, mas o fenômeno que lhes dá origem: a pobreza que, como se sabe, e vale repetir, leva alguns pobres a se mutilar em benefício de ricos, com o único fim de sobreviver mais um pouco. Isso é aceito. Tacitamente. E estamos numa democracia, livres, e somos muitos. Quem se mexe, a não ser para fechar o jornal que está lendo, desligar o televisor, submisso à injunção de permanecer confiante, sorridente, lúdico e beato (se já não estiver escondido, vencido e envergonhado), enquanto a seriedade, a gravidade se agitam, invisíveis, subterrâneas e funestas, em meio a um mutismo quase geral, entrecortado de tagarelices que prometem curar o que já está morto?

Discursos e mais discursos anunciando "emprego" que não aparece, que não aparecerá. Locutores e ouvintes, candidatos e eleitores, políticos e públicos, todos eles sabem, todos eles unidos em torno dessas palavras mágicas para, com motivações diversas, esquecer e negar esse conhecimento.

Essa atitude, que afasta o desespero por meio de mentiras, de camuflagens, de fugas aberrantes, é desesperada e desesperante. Correr o risco da exatidão, o risco da constatação, mesmo que levem a certo desespero, é, pelo contrário, o único gesto que, lúcido quanto ao presente, preserva o futuro. Ele oferece de imediato a força de ainda falar, de pensar e de dizer. De tentar ser lúcido, de pelo menos viver na dignidade. Com "inteligência". E não na vergonha e no medo, encolhido dentro de uma armadilha a partir da qual nada mais é permitido.

Ter medo do medo, medo do desespero, é abrir caminho para as chantagens que conhecemos muito bem.

Os discursos que passam por cima dos verdadeiros problemas ou que os falseiam, que os fazem desviar para outros, artificiais, os discursos que repetem sem fim as mesmas promessas insustentáveis, *esses* discursos são passadistas e remexem sempre as mesmas nostalgias que utilizam. São discursos desesperados, porque já nem ousam se aproximar do desespero, correr o risco do desespero, que é a única chance de ver renascer a capacidade de lutar. Eles impedem também de realizar o funeral tão difícil daqueles marcos que eram, entre outros, o salário que nos avaliava e as datas que balizavam a vacuidade do tempo: horários, férias, aposentadorias, calendários sólidos e opressores que, geralmente, no calor dos grupos, ofereciam a ilusão de saturar o tempo, servindo assim de anteparo para a morte.

Esses discursos fazem o jogo dos partidos populistas, autoritários, que saberão sempre mentir mais e melhor. Ousar refletir na exatidão, ousar dizer o que cada um teme, mas sofre por pretender ignorar e por ver ignorado, só isso poderia talvez criar ainda um pouco de confiança.

Não se trata de chorar sobre o que não existe mais, de negar e renegar o presente. Não se trata de negar, de recusar a mundialização, o surto das tecnologias,[1] que são fatos, e que poderiam ser animadores não só para as "forças vivas". Trata-se, *pelo contrário*, de levá-los em consideração. Trata-se de não ser mais colonizado. De viver com conhecimento de causa, de não mais aceitar tacitamente as análises econômicas e políticas que passam por cima dos fatos, que só os mencionam como elementos ameaçadores, obrigando a medidas cruéis, as quais se tornarão ainda piores se não forem aceitas com toda submissão.

Análises, ou melhor, resenhas peremptórias, segundo as quais a modernidade, reservada apenas às esferas dirigentes, só se aplica à economia de mercado, e só é operante nas mãos daqueles que decidem. Fora daí, julga-se que vivemos à

---

1 Nem, numa outra ordem, de suprimir ou mesmo renegar as tentativas feitas para diminuir, um mínimo que seja, aquilo que se chama "desemprego". O menor resultado com repercussão no presente, em benefício de qualquer pessoa, é por demais precioso, mas com a condição de apresentá-lo por aquilo que ele é, e não utilizá-lo para confortar a impostura e prolongar a anestesia.

moda antiga, numa espécie de espetáculo de "Som e Luz", numa retrospectiva em que o presente não desempenha nenhum papel nem confere nenhum outro, onde somos relegados a um sistema que não existe mais, condenados.

Diante disso, é no mínimo estranho que jamais se pense num modo de organização *a partir* da ausência de trabalho, em vez de provocar tanto sofrimento, tão estéreis e tão perigosos, desmentindo essa ausência, esse desaparecimento, apresentando-o como um simples intervalo que se ignora ou se pretende preencher, ou até suprimir, dentro de prazos e de tempos imprecisos, incessantemente renovados, enquanto se instalam a desgraça e o perigo.

Promessa de uma ressurreição de espectros, que permite pressionar ainda mais, enquanto ainda é tempo, ou colocar fora de jogo aqueles que essa ausência logo reduzirá à condição de escravos, se já não o fez. Ou conduzirá ao desaparecimento. À eliminação.

Em vez de esperar, em condições desastrosas, os resultados de promessas que não se concretizarão; em vez de esperar em vão, na miséria, o retorno do trabalho, a rápida chegada do emprego, seria por acaso insensato tornar decente, viável por outros meios, e *hoje*, a vida daqueles que, na ausência, dentro em breve, radical do trabalho, ou melhor, do emprego, são considerados decaídos, excluídos, supérfluos? Ainda é tempo de incluir essas vidas, nossas vidas, no seu sentido próprio, no seu sentido verdadeiro: o sentido, muito simples, da vida, da sua dignidade, de seus direitos. Ainda dá tempo de subtraí-los ao bel-prazer daqueles que os ridicularizam.

Seria insensato esperar, enfim, não um pouco de amor, tão vago, tão fácil de declarar, tão satisfeito de si, e que se autoriza a fazer uso de todos os castigos, mas a audácia de um sentimento áspero, ingrato, de um rigor intratável e que se recusa a qualquer exceção: o respeito?

Bibliografia

ADRET. *Travailler deux heures par jour*. Seuil, 1979.

ALBERT, M. *Capitalisme contre capitalisme*. Seuil, 1991.

ALVI, G. *Le siècle américain en Europe (1916-1933)*. Grasset, 1995.

ANDRÉ, C., SICOT, D. *Le chômage dans les pays industrialisés*. Syros, 1994.

ARENDT, H. *L'impérialisme*. Fayard, 1982.

______. *Condition de l'homme moderne*. Calmann-Lévy, 1983.

ATTALI, J. *Les trois mondes*. Fayard, 1981.

______. *Lignes d'horizon*. Fayard, 1990.

BALANDIER, G. *Pour en finir avec le XXe siècle*. Fayard, 1994.

BANDT, J. de, DEJOURS, C., DUBAR, C. *La France mala de du travail*. Bayard, 1995.

BAUDRILLARD, J. *Les stratégies fatales*. Grasset, 1983.

______. *Le crime parfait*. Galilée, 1995.

BERNARD, P. *L'immigration*. Le Monde-Marabout, 1994.

BERNOUX, P. *La sociologie des entreprises*. Seuil, 1995.

BIDET, J., TEXIER, J. (Dir.) *La crise du travail*. PUF, 1995.

BIHR, A., PFEFFERKORN, R. *Déchiffrer les inégalités*. Syros, 1995.

BOISSONNAT, J. *Le travail dans 20 ans*. (Relatório). Odile Jacob, 1995.

BOURDIEU, P. *La misère du monde*. Seuil, 1993.

BOURGUIGNAT, H. *La tyrannie des marchés*. Essai sur l'économie virtuelle. Economica, 1995.

BRIE, C. de. Au carnaval des prédateurs. *Monde Diplomatique*, mar.1995.

BRISSET, C. (Dir) *Pauvretés*. Prefácio de Martine Aubry. Hachette, 1996.

BURGUIÈRE, A., REVEL, J. (Dir.) *Histoire de la France*, Seuil, 1989.

CAMUS, R. *Qu'il n'y a pas de problème de l'emploi*. POL, 1994.

CASSEN, B. Chômage, des illusions au bricolage. *Le Monde Diplomatique*, oct.1995.

CASTEL, R. *Les métamorphoses de la question sociale*: une chronique du salariat. Fayard, 1995.

CASTRO, J. de. *Géographie de la faim*. Seuil, 1961. {ed. bras.: *Geografia da fome*. Rio de Janeiro: Casa do Estudante do Brasil, 1953.}

CHANCHABI, B., CHANCHABI, H., SPIRE, J. W. *Rassemblance*. Un siècle d'immigration en Île-de-France. Aidda, CDRII, Écomusée de Fresnes, 1993.

CHARLOT, B., BARTIER, É., ROCHE, J.-Y. *École et savoirs dans les banlieues de Paris*. Armand Colin, 1992.

CHATAGNER, F. *La protection sociale*. Le Monde-Marabout, 1993.

CHAUVIN, M. *Tiers Monde, la fin des idées reçues*. Syros, 1991.

CHESNAIS, F. *La mondialisation du capital*. Syros, 1994. {ed. bras.: *A mundialização do capital*. São Paulo: Xamã, 1996.}

CHOSSUDOVSKY, M. Sous la coupe de la dette. *Le Monde Diplomatique*, juil.1995.

CLERC, D., LIPIETZ, A., SATRE-BUISSON, J. *La crise*. Syros, 1985.

CLOSETS, F. de (Dir.) *Le pari de la responsabilité*. Payot, 1989.

______. *Le bonheur d'apprendre et comment on l'assassine*. Seuil, 1996.

COLOMBANI, J.-M. *La gauche survivr a-t-elle au socialisme*? Flammarion, 1994.

COTTA, A. *L'homme au travail*. Fayard, 1987.

______. *Le capitalisme dans tous ses états*. Fayard, 1991.

COURTIEU, G. *L'entreprise, société féodale*. Seuil, 1975.

DANIEL, J. *Voyage au bout de la nation*. Seuil, 1995.

DEBRAY, R. *Le pouvoir intellectuel en France*. Ramsay, 1979.

______. *L'État séducteur*: les révolutions médiologiques du pouvoir. Gallimard, 1993. {ed. bras.: *O Estado sedutor*: as revoluções midiológicas do poder. Petrópolis: Vozes, 1994.}

DECORNOY, J. Travail, capital... pour qui chantent les lendemains. *Le Monde Diplomatique*, sept.1996.

DEFALVARD, H. (Dir.) *Essai sur le marché*. Syros, 1995.

DERRIDA, J. *Spectres de Marx*: l'état de la dette, le travail du deuil et la nouvelle Internationale. Galilée, 1993.

DESANTI, J.-T. *Le philosophe et les pouvoirs*. Calmann-Lévy, 1976.

DUBERT, F., LAPEYRONNIE, D. *Les quartiers d'exil*. Seuil, 1992.

DUBY, G. *An 1000, An 2000, sur les traces de nos peurs*. Textuel, 1995.

DUHAMEL, A. *Les peurs françaises*. Flammarion, 1993.

DUMONT, L. *Homo aequalis*: genèse et épanouissement de l'idéologie économique. Gallimard, 1985.

ESPRIT, L'Avenir du travail, août-sept.1995.

EWALD, F. *L'État-providence*. Grasset, 1986.

EZINE, J.-L. *Du train où vont les jours*. Seuil, 1994.

FAYE, J.-P. *Langages totalitaires*: la raison critique de l'économie narrative. Hermann, 1980.

FIELD, M. *Jours de manifs*. Textuel, 1996.

FINKIELKRAUT, A. *La défaite de la pensée*. Gallimard, 1989.

FITOUSSI, J.-P. *Le débat interdit*: monnaie, Europe, pauvreté. Arléa, 1995.

FITOUSSI, J.-P., ROSENVALLON, P. *Le Nouvel Age des inégalités*. Seuil, 1996.

FLAUBERT, G. *Madame Bovary*. Gallimard, s. d. t.1. (Pléiade).

FORRESTER, V. *La violence du calme*. Seuil, 1980.

______ *Van Gogh ou l'enterrement dans les blés*. Seuil, 1983.

______. *Ce soir, après la guerre*. Livre de Poche, 1992.

FRETILLET, J.-P., VEGLIO, C. *Le GATT démystifié*. Syros, 1994.

FRIEDMANN, G. *Où va le travail humain?*. Gallimard, 1967. {ed. port.: *O futuro do trabalho humano*. Lisboa: Moraes, 1968.}

FURET, F. *Le passé d'une illusion*. Robert Laffont, Calmann-Lévy, 1995.

GALÉANO, E. Vers une société de l'incommunication. *Le Monde Diplomatique*, jan.1996.

GAUCHET, M. *Le désenchantement du monde*: une histoire politique de la religion. Gallimard, 1985.

______. *La révolution des droits de l'homme*. Gallimard, 1989.

GEORGE, S., SABELLI, F. *Crédit sans frontières*. La Découverte, 1994.

GORZ, A. *Métamorphoses du travail*: quête du sens. Galilée, 1988.

GROUPE de Lisbonne. *Limites à la compétitivité*. La Découverte, 1995.

GUETTA, B. *Géopolitique*. Éditions de l ote Olivier, 1995.

GUILLEBAUD, J.-C. *La trahison des lumières*. Seuil, 1995.

HALIMI, S. Les chantiers de la démolition sociale. *Le Monde Diplomatique*, juil.1994.

HASSOUN, M., REY, F. *Les coulisses de l'emploi*. Arléa, 1995.

HENRY, M. *La barbarie*. Grasset, 1987.

IRIBARNE, P. d'. *La logique de l'honneur*. Gestion des entreprises et traditions nationales. Seuil, 1989.

______. *Le chômage paradoxal*, 1990.

JALÉE, P. *Le pillage du Tiers Monde*. Maspero, 1961.

JEANNENEY, J.-M. *Vouloir l'emploi*. Odile Jacob, 1994.

______. *Écoute la France qui gronde*. Arléa, 1996.

JUES, J.-P. *La rémunération globale des salaires*. PUF, 1995. (Col. Que sais--je? n.2932).

JULIEN, C. Capitalisme, libre échange et pseudo-diplomatie: un monde à vau-l'eau. *Le Monde Diplomatique*, sept.1995.

JULLIARD, J. *Autonomie ouvrière*. Études sur le syndicalisme d'action directe. Seuil, 1988.

______. *Ce fascisme qui vient*... Seuil, 1994.

KAHN, J.-F. *La pensée unique*. Fayard, 1995.

KEYNES, J. M. *Théorie générale de l'emploi, de l'intérêt et de la monnaie*. Payot, 1985. {ed. bras.: *Teoria geral do emprego, do juro e do dinheiro*: inflação e deflação. 2.ed. São Paulo: Nova Fronteira, 1985.}

LABBENS, J. *Sociologie de la pauvreté*. Gallimard, 1978.

LAFARGUE, P. *Le droit à la paresse*: réfutation du droit au travail de 1848. Maspero, 1987. {ed. bras.: *O direito à preguiça*. 3.ed. São Paulo: Kairós, 1983.}

LE DÉBAT. L'État-providence dans la tourmente. Repenser la lutte contre le chômage?, n.89, mars.-avr.1996.

LE GOFF, J.-P. *Le mythe de l'entreprise*. La Découverte, 1992.

LE GOFF, J.-P. CAILLÉ, A. *Le tournant de décembre*. La Découverte, 1996.

LESOURNE, J. *Vérités et mensonges sur le chômage*. Odile Jacob, 1995.

LÉVY. B.-H. *L'idéologie française*. Grasset, 1981.

______. *La pauvreté dangereuse*. Grasset, 1994.

MAGAZINE Littéraire, Les exclus, n.334.

MAMOU-MANI, A. *Au-delà du profit*. Albin Michel, 1995.

MANENT, P. *Histoire intellectuelle du libéralisme*. Calmann-Lévy, 1987.

MANIÈRES de voir, Les nouveaux maîtres du monde, n.28, *Le Monde Diplomatique*, 1995.

MAZEL, O. *Les chômages*. Le Monde-Marabout, 1993.

MÉDA, D. *Le travail en voie de disparition*. Aubier, 1995.

MÉNANTEAU, J. *Les banlieues*. Le Monde-Marabout, 1994.

MIGNOT-LEFEBVRE, Y., LEFEBVRE, M. *Les patrimoines du futur.* L'Harmattan, 1995.

MINC, A. *L'argent fou.* Grasset, 1990.

______. *L'ivresse démocratique.* Gallimard, 1984.

MORIN, E. *L'esprit du temps.* LGF, Livre de Poche Biblio, 1983. {ed. bras.: *Cultura e massas no século XX*: o espírito do tempo. Rio de Janeiro: Forense, 1969.}

NORA, P. (Dir.) *Les lieux de mémoire.* Gallimard, 1984.

NOREL, P. *Les banques face aux pays endettés.* Syros, 1990.

NOREL, P., SAIN T-ALARY, É. *L'endettement du Tiers Monde.* Syros, 1988.

OCDE. *Étude sur l'emploi. Faits, analyses, stratégies*, 1994.

______. *Étude sur l'emploi. Fiscalité, emploi, chômage*, 1995.

______. *Étude sur l'emploi. La mise en oeuvre des stratégies*, 1995.

PASCAL, B. *Pensées.* Gallimard, s. d. (Pléiade). {ed. bras.: *Pensamentos.* São Paulo: Abril Cultural, 1979.}

PAUGAM, S. (Dir.) *L'exclusion*: l'état des savoirs. La Découverte, 1996.

PERRET, B. *L'avenir du travail.* Seuil, 1995.

PERRIN-MARTIN, J.-P. (Coord.) *La rétention.* Prefácio de Alfred Grosser, Harmattan, 1996.

PETRELLA, R. Le retour des conquérants. *Le Monde Diplomatique*, mars 1995.

PHELPS, E. S. *Économie politique.* Fayard, 1990.

PIOT, O. *Finance et économie, la fracture.* Le Monde-Marabout, 1995.

PLENEL, E. *La République menacée, dix ans d'effet Le Pen, 1982-1992.* Le Monde Éditions, 1992.

POIROT-DELPECH, B. *Diagonales.* Gallimard, 1995.

POLANYI, K. *La grande transformation*: aux origines politiques et économiques de notre temps. Gallimard, 1983. {ed. bras.: *A grande transformação*: as origens da nossa época. Rio de Janeiro: Campos, 1980.}

POL DROIT, R. *L'avenir aujourd'hui dépend-il de nous*? Le Monde Éditions, 1995.

RAMONET, I. Pouvoirs fin de siècle. *Le Monde Diplomatique.* mars 1995.

RANCIÈRE, J. *La mésentente (politique et philosophie).* Galilée, 198 7.

REICH, R. *L'économie mondialisée.* Dunod, 1993.

REVEL, J.-F. *Le Regain démocratique.* Fayard, 1993.

RIFKIN, J. *The End of Work.* New York: Putnam's Sons, 1995.

RIGAUDIAT, J. *Réduire le temps de travail.* Syros, 1993.

ROSENVALLON, P. *La nouvelle question sociale.* Seuil, 1995.

ROUSSELET, J. *L'allergie au travail.* Seuil, 1978.

ROUSSELET, M. *Les Tiers-Mondes.* Le Monde-Marabout, 1994.

ROUSTANG, G., LAVILLE, J.-L., EME, B., MOTHÉ, D., PERRET, B. *Vers un nouveau contrat social.* Desclée de Brouwer, 1996.

SÉGUIN. P. *En attendant l'emploi...* Seuil, 1996.

SHAKESPEARE, W. *Théatre.* Gallimard, s. d. (Pléiade).

SULEIMAN, E. N. *Les raisons cachées de la réussite française.* Seuil, 1995.

SULLEROT, É. *L'age de travailler.* Fayard, 1986.

SUPIOT, A. *Critique du droit du travail.* PUF, 1994.

THUILLIER, P. *La grande implosion.* Fayard, 1995.

TODD, E. *Le destin des immigrés*: assimilation et ségrégation dans les démocraties occidentales. Seuil, 1994.

TOFFLER, A. *Les nouveaux pouvoirs.* Fayard, 1991.

TOPALOV, C. *Naissance du chômeur (1880-1910).* Albin Michel, 1994.

TOURAINE, A. *Production de la société.* Seuil, 1973.

______. *Critique de la modernité.* Fayard, 1992. {ed. bras.: *Crítica da modernidade.* Petrópolis: Vozes, 1994.}

______. *Qu'est-ce que la démocratie?.* Fayard, 1994.

TOURAINE, A., DUBET, F., LAPEYRONNIE, D., KHOSROKHAVAR, F., WIEVIORKA, M. *Le grand refus.* Réflexions sur la grève de décembre 1995. Fayard, 1996.

TRIBALAT, M. et al. *De l'immigration à l'assimilation.* La Découverte, 1996.

VAILLANT, E. *L'immigration.* Milan, 1996.

VETZ, P. *Mondialisation des villes et des territoires, l'économie d'archipel.* PUF, 1996.

VIRILIO, P. *Cybermonde, la politique du pire.* Entretiens avec Philippe Petit. Textuel, 1996.

VOYER, J.-P. *Une enquête sur la nature et les causes de la misère des gens.* Lebovici, 1976.

WARDE, I. La dérive des nouveaux produits financiers. *Le Monde Diplomatique*, juil.1994.

WIENER, N. *Cybernetics, or Control and Communication in the Man and The Machine*, 1948.

______. *The Human Use of Human Beings.* Cybernetics and Humans Beings, 1950.

WUHL, S. *Les exclus face à l'emploi.* Syros, 1992.

APÊNDICE

SIGLAS*

ANPE	Agence Nationale Pour l'Emploi Agência Nacional Para o Emprego
CES	Contrat Emploi Solidarité Contrato de Emprego Solidário
CIS	Contrat d'Insertion Sociale Contrato de Inserção Social
CNPF	Confédération Nationale du Patronat Français Confederação Nacional do Empresariado Francês
OCDE	Organisation de Coopération et de Développement Economiques Organização de Cooperação e de Desenvolvimento Econômicos
OS	Ouvrier Spécialisé Operário Especializado

* A tradução das siglas em questão enfrenta restrições ineliminávies. Dado que, de modo geral, não há no Brasil correspondente exato para as entidades nomeadas, fomos, por vezes, levados a traduzi-las literalmente. Se, por um lado, isto acarreta limitações óbvias quanto ao entendimento ideal do significado de algumas siglas, por outro, não adulteramos a intelecção dos termos componentes das expressões empregadas. Esperamos que as limitações aqui expostas não prejudiquem a compreensão adequada do texto. (N. E.)

PDG	Président Directeur Général Presidente-Diretor Geral
PME	Petites et Moyennes Entreprises Pequenas e Médias Empresas
SDF	Sans Domicile Fixe Sem Domicílio Fixo
SMIC	Salaire Minimum Interprofessionnel de Croissance Salário Mínimo
SNCF	Société Nationale des Chemins de Fer Sociedade Nacional de Estradas de Ferro
RMI	Revenu Minimum d'Insertion Renda Mínima de Inserção

SOBRE O LIVRO

Coleção: Ariadne
Formato: 12 x 21 cm
Mancha: 20,6 x 43 paicas
Tipologia: Garamond 11/13
Papel: Pólen 80 g/m² (miolo)
Cartão Supremo 250 g/m² (capa)
Matriz: Laserfilm
1ª edição: 1997

EQUIPE DE REALIZAÇÃO

Produção Gráfica
Edson Francisco dos Santos (Assistente)

Edição de Texto
Fábio Gonçalves (Assistente Editorial)
Nelson Luís Barbosa (Preparação de Original)
Nelson Luís Barbosa,
Fábio Gonçalves e
Bernadete dos Santos Abreu (Revisão),
Leoberto Balbino Fonseca Silva (Atualização Ortográfica)

Editoração Eletrônica
Lourdes Guacira da Silva Simonelli (Supervisão)
Edmílson Gonçalves e Spress Diagramação & Design (Diagramação)

Projeto Visual
Lourdes Guacira da Silva Simonelli

Impressão e acabamento